シリーズ：結晶成長のダイナミクス **1** 巻

コンピュータ上の結晶成長
計算科学からのアプローチ

伊藤智徳 責任編集

共立出版株式会社

シリーズ編集委員

西永　　頌　豊橋技術科学大学
宮澤信太郎　㈱信光社
佐藤　清隆　広島大学生物生産学部

執筆者一覧 (執筆順)

責任編集　伊藤　智徳　三重大学工学部
執 筆 者　伊藤　智徳　同上
　　　　　本岡　輝昭　九州大学大学院工学研究院　材料工学部門
　　　　　平岡　佳子　㈱東芝研究開発センター
　　　　　白石　賢二　筑波大学　物理学系

シリーズ：結晶成長のダイナミクス
刊行にあたって

　結晶は半導体集積回路をはじめレーザや発光ダイオードなどの素材として，テレビ，パソコンなど身のまわりのエレクトロニクス製品に多く用いられているほか，スーパーコンピュータや通信ネットワークなど情報通信機器に広く用いられている．今後，情報化社会が進行するにつれて，ますます新しい材料，新しい構造の結晶が求められるであろう．

　結晶が工業社会に本質的に重要であることを示した画期的出来事はトランジスターの発明である．純度の良いゲルマニウムの単結晶成長がこの発明を可能にした．今日，高品質大型シリコン単結晶が求められているがこの流れを汲むものである．

　トランジスターの発明以後，シリコン集積回路，高移動度トランジスタ(HEMT)，レーザダイオード，発光ダイオード，酸化物結晶素子など新しい素子が次々と世に出されるにつれ結晶成長がいかに重要であるかが示されてきた．最近の例では，長年にわたる GaN 結晶成長の基礎研究が実を結び，低温バッファー層技術により GaN 系半導体の結晶性が飛躍的に改善され，その結果 p-型 GaN の成長が可能になったことがあげられる．結晶成長研究が青色・紫外発光ダイオード，レーザダイオードの誕生をもたらしたのである．結晶成長技術の発達は今後さまざまな素子の発明を通し社会に貢献すると思われる．その分野は単に情報通信分野にとどまらず，太陽電池，燃料電池，各種センサーの開発を通し，省エネルギーや環境の改善にも貢献するであろう．

　結晶成長技術の新たな展開には，結晶成長を制御し，任意の物質で任意の構造と性質を持つ結晶を作る必要がある．このためには，まず，結晶成長を理解しなければならない．結晶成長の場では結晶表面で原子または分子がダイナミックに動き回りながら結晶に組み込まれてゆくが，真空ないし気相，溶液，融液中でこの振る舞いを明らかにすることが結晶成長を理解することの意味であ

る。結晶の表面といっても接する環境相が何であるかによりその原子的構造は大きく異なる。超高真空下では，最近の表面科学の発達により，表面における原子位置やそれを取り巻く電子雲の密度など理論的にも実験的にもかなり明らかになってきている。しかし，そのような表面における原子・分子のダイナミクスについては殆ど知られていない。さらに，溶液や融液中で成長している結晶の表面構造および原子・分子のダイナミクスは溶液や融液内の流れや構造にも関係しているためまだ多くは謎につつまれている。

　本シリーズでは，結晶成長に携わっている研究者・技術者の方々，結晶成長を用いて新しい仕事に挑戦しようとしている方々，大学・高専等で結晶成長に関連した研究を行っている学生・院生の方々，また広く結晶成長に関心を持っている方々を対象とし，結晶成長の理解や技術の最前線をこの分野の第一人者の方々に執筆いただいた。また，初心者の方が一人で読んだり，学生の方々が輪講したりする場合を想定し，図面を多く用い，"コラム"，"キーワード"，"トピックス"等により出来るだけわかりやすくなるよう配慮したつもりである。本シリーズが多くの方々に読まれ，この分野の発展に寄与することが出来ればわれわれの大きな喜びとするところである。

2002年1月

編集委員代表

西永　頌

序　文

　昨今"IT（Information Technology）"あるいは"ナノテクノロジー(Nano Technology)"という言葉を耳にすることが多い。これらは，21世紀の日本を支える根幹技術として期待されており，特にITはコンピュータ，ネットワークを介してグローバルな情報流通をもたらし，社会構造の変革をもたらすとまで言われている。確かにこの10年を振り返ってみても，インターネット，電子メールの普及により情報の提供，収集といった情報流通の有り様はずいぶんと変化してきている。このような変化は，電子産業における技術の高度化，具体的には生産工程，生産対象の精密化，微細化に依るところが大きい。この技術の流れが，コンピュータやネットワーク技術における大容量化，高速化を実現すると共に，必然的に光電子デバイスの加工，特性制御を原子レベルで行おうとするナノテクノロジーの概念をもたらしてきている。

　さて本書は「シリーズ：結晶成長のダイナミクス」の第1巻である。"結晶"と聞いてもITのようにピンと来る人は少ないかもしれないが，"結晶"の英訳である"クリスタル（Crystal）"と聞けば幾分馴染みを感じる人も多いのではないかと思う。透明感のある響きは，水晶，ルビー，サファイアといった宝石を連想させる。事実，結晶成長はこれら宝石を人工的に製造することを目的として始まっている。本書では，宝石ではなくシリコンや砒化ガリウム等の半導体における結晶成長の様子（ダイナミクス）について解説している。これら半導体の結晶成長は，ITの屋台骨であるコンピュータやネットワーク技術を支える礎であり，その発展には不可欠なものである。

　第1巻「コンピュータ上の結晶成長」は，ITの礎である結晶成長，その果実の1つでもあるコンピュータを使って，結晶成長の様子を原子，電子のレベルから眺めてみようというのが狙いである。本書を読んでいただき，付録のCD-ROMに収められた演習問題，CG画像等を利用して，是非とも結晶成長への理解を深めていただきたい。そうすることは，とりもなおさず21世紀の

根幹技術の1つであるナノテクノロジーの理解への第一歩となるからである。
　2002年1月

責任編集　伊藤　智徳

目　次

序章　計算科学と結晶成長 ………………………………………伊藤智徳… **1**
　　はじめに ……………………………………………………………………… *1*
　　1. 本書に取り上げられている計算方法　*2*
　　2. 計算科学でわかること　*5*
　　　演習1. 結晶構造の安定性　*8*
　　　演習2. 表面構造の安定性　*9*
　　3. 結晶成長への応用　*10*
　　　演習3. GaAs 表面構造の安定性　*13*
　　おわりに ……………………………………………………………………… *17*
　　文献 ………………………………………………………………………… *17*

1. 融液成長のダイナミクス ………………………………………本岡輝昭… **20**
　　はじめに ……………………………………………………………………… *20*
　　1.1 融液成長とは ……………………………………………………………… *21*
　　1.2 分子動力学計算 …………………………………………………………… *23*
　　　演習4. 2次元分子動力学プログラム　*27*
　　1.3 融液成長の分子動力学シミュレーション ……………………………… *28*
　　　1.3.1 計算方法　*28*
　　　1.3.2 融液構造　*29*
　　　1.3.3 融液/固相界面構造　*37*
　　　1.3.4 結晶成長および欠陥生成過程　*41*
　　おわりに ……………………………………………………………………… *47*
　　付録　Tersoff potential と Stillinger-Weber potential ……………………… *48*
　　文献 ………………………………………………………………………… *49*

2. CVD 成長の量子化学 …………………………………… 平岡佳子 … *51*

はじめに ……………………………………………………………………… *51*
2.1 CVD 成長とは ……………………………………………………… *52*
2.2 量子化学計算 ……………………………………………………… *61*
 2.2.1 分子のシュレディンガー方程式   *62*
 2.2.2 水素様原子の原子軌道   *64*
 演習 5. 原子軌道   *66*
 2.2.3 多電子原子   *66*
 2.2.4 水素分子イオン   *71*
 演習 6. 結合距離とエネルギー   *74*
 演習 7. 結合性軌道と反結合性軌道   *74*
 2.2.5 *ab initio* 分子軌道計算の実際   *75*
  ―ハートリーフォック近似とハートリーフォック方程式, 多原子分子のためのロータン方程式―
 2.2.6 量子化学計算から何がわかるか   *78*
2.3 表面での水素と有機原料の反応 ……………………………………… *80*
 2.3.1 キャリアガス H_2 と有機Ⅲ族原料の反応   *80*
 2.3.2 有機Ⅲ族原料と原子状水素の反応―Ⅴ/Ⅲ比の謎   *84*
 2.3.3 有機Ⅲ族原料のダイマー構造とその安定性
   ―ALE 実現に向けて   *87*
2.4 水素の反応と CVD 成長 …………………………………………… *91*
 2.4.1 半導体表面のクラスターモデル   *91*
 2.4.2 表面水素と Si-CVD 成長   *98*
おわりに ……………………………………………………………………… *102*
付録 A. 水素様原子の波動関数 (動径部分と角部分)   *103*
   B. 水素様原子の波動関数 ($n = 3$)   *104*
   C. ハートリーフォック方程式中の積分および積分演算子の
    具体的表式   *104*
文献 …………………………………………………………………………… *105*

3. エピタキシャル成長への量子論的アプローチ……………………**109**

はじめに……………………………………………………伊藤智徳…*109*

3.1 MBE 成長とは……………………………………………伊藤智徳…*110*

3.2 第一原理計算……………………………………………白石賢二…*112*

   3.2.1 第一原理計算の基本的思想　*112*

   3.2.2 密度汎関数法　*117*

   3.2.3 局所密度汎関数法と交換相関エネルギーの表式　*121*

   3.2.4 第一原理計算によって何を求めることができるか　*125*

   演習 8．密度汎関数計算　*126*

3.3 GaAs 表面における原子の吸着，脱離……………………白石賢二…*127*

   3.3.1 GaAs 表面の微視的構造　*127*

   3.3.2 Ga 原子，As 原子の吸着，脱離　*130*

   3.3.3 セルフサーファクタント効果　*134*

3.4 GaAs の MBE 成長シミュレーション ………………………伊藤智徳…*138*

   3.4.1 モンテカルロ計算　*138*

   演習 9．モンテカルロシュミレーション　*142*

   3.4.2 吸着原子のマイグレーション　*142*

   3.4.3 簡単なエネルギー表式　*145*

   3.4.4 MBE 成長シミュレーション　*148*

おわりに……………………………………………………伊藤智徳…*154*

文献……………………………………………………………………*154*

終章　これからの結晶成長シミュレーション ………………伊藤智徳…**159**

はじめに ……………………………………………………………*159*

1. 残された課題：ミクロとマクロのはざまで　*159*

2. ミクロからマクロへのアプローチ　*161*

おわりに ……………………………………………………………*163*

文献 …………………………………………………………………*165*

索引 ……………………………………………………………………*166*

巻末付録 CD-ROM 付き （伊藤・本岡・平岡・白石）

―――― 役に立つ・息抜き話のアラカルト ――――
Coffee Break
　歴史に学ぶ……………………………………………伊藤智徳… 18
　分子は 1 つの粒子？…………………………………同上…… 50
　分子の軌道って何？…………………………………平岡佳子… 107
　人間ポテンシャル……………………………………伊藤智徳… 157

Key Word
　表面再構成……………………………………………伊藤智徳… 14
　周期環境条件…………………………………………同上…… 25
　アンサンブル…………………………………………同上…… 26
　CVD ……………………………………………………平岡佳子… 53
　ダングリングボンド…………………………………同上…… 57
　零点振動エネルギー…………………………………同上…… 61
　スピン…………………………………………………同上…… 69
　フントの規則…………………………………………同上…… 70
　スレーター行列式……………………………………同上…… 70
　変分原理………………………………………………同上…… 74
　原子層制御結晶成長（ALE）…………………………同上…… 91
　原子単位………………………………………………白石賢二… 113
　フェルミ粒子…………………………………………同上…… 114
　汎関数と密度汎関数法………………………………同上…… 119
　交換相関エネルギー…………………………………同上…… 122
　アンチサイト欠陥……………………………………同上…… 132
　サーファクタント……………………………………伊藤智徳… 135
　SOS モデル……………………………………………同上…… 140

Column

表面構造の表記法	伊藤智徳…	*14*
GaAs 表面の特徴	同上……	*15*
運動方程式を解くためのアルゴリズム	同上……	*28*
動径分布関数	本岡輝昭…	*36*
反応速度と活性化エネルギー	平岡佳子…	*57*
複合反応と律速段階	同上……	*60*
TMA と TMG の比較は難しい－量子化学計算の精度	同上……	*83*
電子の対称性とスレーターの行列式	白石賢二…	*117*

序　計算科学と結晶成長

はじめに

　21世紀は高度情報時代と言われている。コンピュータとそれらをつなぐネットワークの発展が，情報流通をもたらすと予測されている。読者の傍らにもパーソナルコンピュータが置かれていると思う。そのパソコンを使えばネットワーク上のさまざまなコンピュータ，ワークステーションに接続することが可能である。試みに手元にあるキーボードとマウスを使って，大学などの教育研究機関のホームページに入ってみよう。電子工学，物理学や化学関連の研究紹介を見れば，計算科学，分子動力学，モンテカルロシミュレーション，第一原理計算といった字句が目にはいるかもしれない。

　一方，同じホームページ上で目を転ずると，結晶成長という言葉もあるであろう。今日の情報社会は，エレクトロニクス素子，光素子，ひいてはその素材である結晶に支えられている。半導体結晶はその代表である。シリコン集積回路を始めとして，レーザダイオード，発光ダイオード，超高速トランジスタなど多くの素子は，単結晶の加工，薄膜結晶の成長により作られている。これらに加えて今後は，ナノ構造に代表される微細な構造をもつ素子が，高度情報社会の担い手となることが予想される。このような微細構造を制御しつつ，結晶を成長させるためには，結晶成長を基本的な立場から理解することが不可欠である。そのための有力な手段として，コンピュータを用いた計算科学からのアプローチが挙げられる。この章では，計算科学のおおまかなイメージと結晶成長に関連して何がわかるのかを実例を挙げて解説する。

　なお，本書では内容に関連した演習問題を随所に配置している。付録のCD-ROMに収録されているソースプログラムに基づいて，パソコンで演習を実行してみていただきたい。演習問題の実行方法についても，CD-ROM中でプ

ログラムごとに解説している。また演習問題に加えて，本文中の内容に対応した多数の CG 画像（静止画像あるいは動画像）も収録されている。本書の内容を理解するために，存分に活用していただきたい。

1. 本書に取り上げられている計算方法

　コンピュータ上で結晶成長させるためには，コンピュータに計算させるための手順を指定する必要がある。これが計算プログラムであり，その根幹となる基本的手法が計算方法である。計算方法は，さまざまに分類される。例えば，あらかじめ原子配列を仮定して性質を調べる静的計算と結晶成長のような原子配列の時間発展を調べる動的計算という分類がある。さらに，計算の際に必要な入力情報が，原子番号，原子価といった基本的なものであれば非経験的計算，何らかの物性を再現するよう調節したパラメータを用いる場合には経験的計算と呼ばれる。また，電子レベルからの計算は，第一原理計算と呼ばれ，原子あるいは連続体の立場からの計算と区別される。本書で取り上げている計算方法を，これらの分類に基づいて整理すると，以下のようになる。第 1 章は分子動力学法が中心である。これは動的計算，また，そのときに経験的原子間ポテンシャルを用いるので経験的計算と分類できる。第 2 章は分子軌道法であり，静的計算かつ第一原理計算，第 3 章の擬ポテンシャル法は静的かつ第一原理計算，この結果に基づいたモンテカルロシミュレーションは，動的計算かつ経験的計算というわけである。

　分子動力学法は「原子，分子に対する運動方程式を数値的に解き，多粒子系における運動を再現する計算方法」である[1]。具体的には，温度，時間の関数として原子，分子の動きを調べることができるので，結晶成長のような動的過程をシミュレートするには有効な方法である。分子動力学計算を実行するためには，原子が感じるポテンシャルすなわち原子間ポテンシャルが必要である。この原子間ポテンシャルを運動方程式に取り込むことにより，原子，分子の運動を追跡することが可能となる。この方法は，原子レベルのアプローチと言える。

　分子軌道法と擬ポテンシャル法は，電子のレベルから問題を扱う第一原理計算手法である。分子軌道法は，原子核を中心に電子の軌道関数（原子軌道）を

構築していくことにより，原子から分子，高分子へと原子数を増やしていくときに有効な方法であり，化学の分野でよく用いられる[2]。一方，擬ポテンシャル法は，電子の感じる仮想的な周期ポテンシャルを仮定し，周期性の高い結晶から界面，表面といった周期性の低い領域を切り出してくるもので，物理の分野でよく用いられる[3]。これら第一原理計算は，原子をさらに電子とイオンに分解して議論するものであり，電子の再配列が起こるような表面が絡む現象を扱う際に，特に有用な方法である。

さて第一原理計算は，電子レベルからの計算であるので得られる情報量も多いが，反面，計算に要する時間も大きくなり静的計算に用いられることが多い。したがって，結晶成長のような動的過程とどう関連づけるかが問題となる。このために用いられるのが，モンテカルロ法である[1]。モンテカルロ法は，分子動力学法と同様に温度，時間の関数として原子，分子の動きを調べる方法である。分子動力学法が，原子間ポテンシャルと運動方程式に従って動的過程を調べるのに対し，モンテカルロ法では動的過程における各事象を確率過程として扱うという点が異なっている。この各事象の確率を決定するために必要なデータを第一原理計算から得ることにより，薄膜成長過程をシミュレートした例が第3章に示される。計算方法と各章との関係を図1に示す。

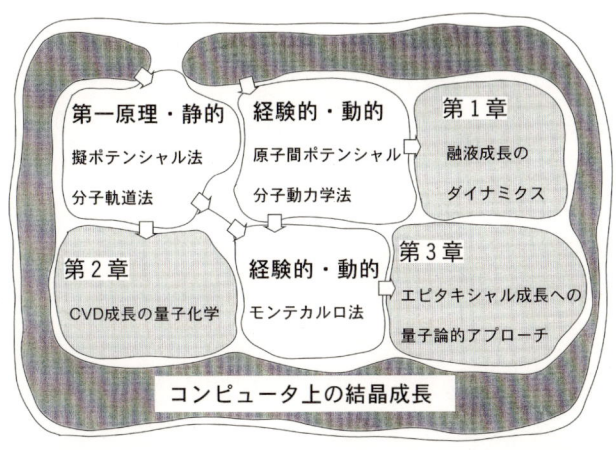

図1．本書で用いられている計算方法と各章の内容との関係

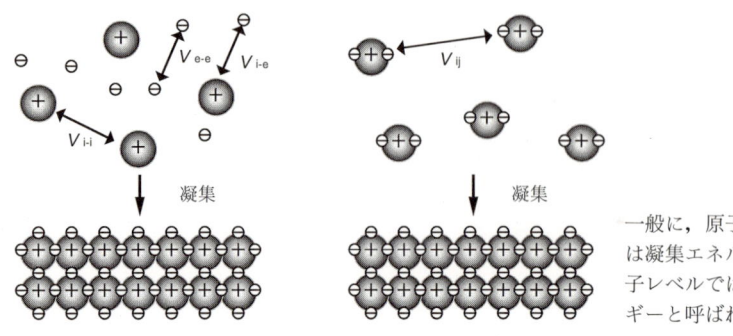

図2. 結晶化したときのエネルギー利得の定義

一般に，原子レベルでは凝集エネルギー，電子レベルでは全エネルギーと呼ばれる。

　実際の計算において，原子レベルと電子レベルのアプローチの差が明確になるのが，結晶化するときのエネルギー利得である。我々が目にする金属あるいは半導体は，原子が整然と配列した結晶からなっている。これは，原子がばらばらになるよりも凝集して結晶化した方がエネルギー的に有利であるからである。このエネルギー利得を原子レベルと電子レベルで定義すると，図2のように模式的に表すことができる。無限遠にあった原子が凝集して結晶化するときのエネルギーは凝集エネルギー（cohesive energy），無限遠にあった電子とイオンが結晶化するときのエネルギーは全エネルギー（total energy）とそれぞれ呼ばれる。すなわち凝集エネルギーは，原子間相互作用 V_{ij} の和で与えられる。一方，全エネルギーは，イオン間相互作用 V_{i-i}，イオン-電子間相互作用 V_{i-e}，電子間相互作用 V_{e-e} の和で定義されるという違いがある。

　原子レベルの計算である分子動力学計算は，固体内部あるいは融液中の現象を扱うのに適するが，表面のように電子の再配列が起きるような場合には第一原理計算の手助けが不可欠となる。本書の中で，融液成長には分子動力学法が，薄膜成長には第一原理計算が，それぞれ計算方法として用いられているのは，この理由による。本書では，結晶成長のさまざまな局面を調べるために，ここで述べてきた計算方法が用いられている。単独の計算方法だけで，あらゆることを知ることは不可能である。読者には，それぞれの計算方法の長所，短所を理解した上で，お互いの長所を生かしたアプローチが重要であることを認

計算手法	章	特徴	
経験的計算 「分子動力学法」	第1章	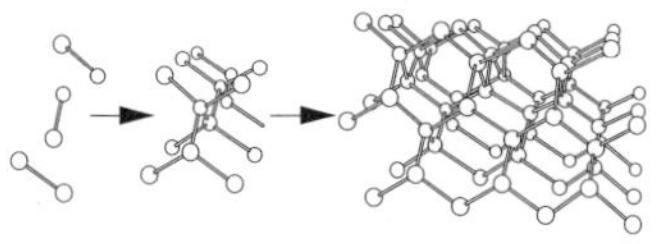	○実空間 ○多数原子 ○バルク可 ●表面不可 ●入力データ （経験的）
第一原理計算 （化学） 「分子軌道法」	第2章	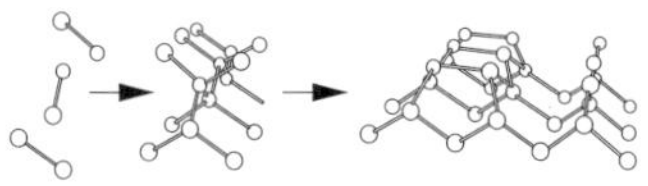	○実空間 ●少数原子 ●バルク不可 ○表面可 ○入力データ （非経験的）
第一原理計算 （物理） 「擬ポテンシャル法」	第3章	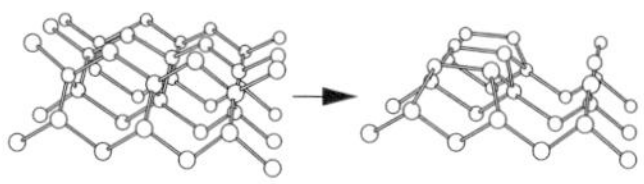	●逆空間 ●少数原子 ○バルク可 ○表面可 ○入力データ （非経験的）

図3．分子動力学法，分子軌道法，擬ポテンシャル法の特徴

識しておいていただきたい．各計算手法の特徴を図3にまとめる．

2. 計算科学でわかること

　近年の計算科学の進歩は，さまざまな結晶の性質をコンピュータ上で予測することを可能にしてきている．最近では，数年前のスーパーコンピュータ並の性能がパソコンレベルで実現されていることもあって，コンピュータシミュレーションも一層身近なものとなりつつある．とはいえ，「計算科学はどの程度信頼できるものか」あるいは「どんなことが分かって，どんなことが分からないのか」ということは，意外と明確になっていないように思える．表1は，計算科学で分かることと分からないことをまとめたものである．従来は，あらかじめ原子配列を仮定した上での計算が中心であった．この場合には，さまざまな物性について定量的な予測が可能になっている．しかしながら，結晶成長などの時間発展の結果として現れる原子配列予測においては，計算科学は未だ十分な解決法となっていない．裏を返せば，それ故に結晶成長はホットな話題と

表 1. 計算科学でわかること，わからないこと

項　目	計算科学でわかること，わからないこと
バンド構造	よくわかる。電子の立場からの計算であるので，個々の物質，あるいは 2 種類以上の物質を組み合わせた物質（超格子等），表面，界面が，どのようなバンド構造をもつかなどの予測は可能である。ただし，原子配列が予め与えられていればの話である。複雑な原子配列をもつ格子欠陥などの場合には，原子配列予測の困難さに起因して，計算科学の適用性はまだ十分とはいえない。
結晶構造	よくわかる。1980 年代初頭の第一原理計算の最初の成功例（圧力誘起相転移）である。どのような結晶構造が安定か（演習 1），表面，界面を含めて原子配列を仮定したときのエネルギー（演習 3，4）は，予測可能である。
平衡状態図	何とかわかる。2 種類以上の半導体を組み合わせて，高温に保持したときの相安定性を規定する平衡状態図計算は，エントロピー計算手法の発展も手伝って予測可能となりつつある。貴金属系の金属間化合物の出現なども予測されている。
結晶成長	よくわからない。これからの発展分野である。時間発展を予測する結晶成長シミュレーションについては，分子動力学法，モンテカルロ法といった基本的な方法論は確立されているが，現実との比較という観点から第一原理計算と組み合わせた展開が今後の課題として挙げられる。

なっている[4-6]。その詳細は各章に譲るとして，ここでは計算科学で分かる範囲にある，あらかじめ原子配列を仮定した計算例を示す。具体的には，第 1 章の融液成長の結果として現れるバルク結晶構造，第 2 章の CVD 成長，第 3 章のエピタキシャル成長の舞台となる表面構造を例として挙げてみたい。

　計算においては，原子間ポテンシャル V_{ij} を用いる。原子間ポテンシャルは，文字通り原子と原子の間のポテンシャルを意味している。図 4 は，原子が感じるポテンシャルを i 原子と j 原子の距離 r_{ij} の関数として模式的に示したものである。原点に位置している i 原子に j 原子が遠くから近づいてくると，i 原子の引力を感じるためにエネルギーは低下していく。そのエネルギーが最も低くなった所 r_e が平衡原子間距離であり，そのときのエネルギーが凝集エネルギー D_e となる。j 原子がさらに i 原子に近づいていくとポテンシャルエネルギーは＋に転じ，お互いに斥力を感じて反発し合うようになる。やや大雑把な言い方をすると，原子間ポテンシャルは，イオン間の斥力とイオン間に存在す

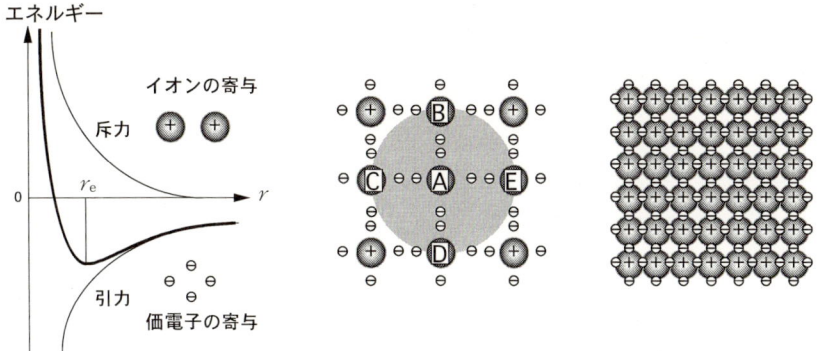

図4. 原子間ポテンシャルの模式図
A原子の周囲にある B, C, D, E イオンと電子を通して凝集する。
引力項は周囲の原子数（配位数）に依存する。

表2. ポテンシャルパラメータ値

	Si	Ge	Si-Ge	Sn	Al
A	2794.2386	1498.7626	1800.4512	2474.0411	6512.8912
B	230.5726	575.1747	361.9274	1689.4707	24.1459
α	0.62491	0.34264	0.48456	0.13196	0.72255
θ	3.13269	2.37239	2.70009	1.94186	3.85634
λ	1.34146	1.63105	1.50521	1.69168	0.62525

る電子による引力の重ね合わせとして与えられる。具体例を式(1)に示す。

$$V_{ij} = A\exp(-\theta r_{ij}) - B\exp(-\lambda r_{ij})/Z^{\alpha} \tag{1}$$

ここで，r_{ij} は原子間距離，Z は配位数で1つの原子の周囲に何個の原子が配位しているかを示すものである。A, B, θ, λ, α はポテンシャルパラメータであり，経験的に最適化されている[5]。式(1)の第1項が斥力であり，第2項が引力となっている。第2項が配位数の逆数の関数となっていることは，各イオン間に均等に電子が配位して引力をもたらしていることを意味している。一例として，Si と Ge などに関するポテンシャルパラメータを表2にまとめる。これらの原子間ポテンシャルを使って以下の簡単な演習を行ってみよう。

演習1. 結晶構造の安定性

(1) 図5に示す代表的な結晶構造(ダイヤモンド構造,単純立方構造,体心立方構造,面心立方構造)について配位数 Z を求めなさい.

(2) 演習プログラム ex 1.f を用いて,Si,Ge について,各結晶構造の凝集エネルギー D_e (eV/atom) を原子間距離 r_{ij} (Å) の関数として計算し,平衡原子間距離 r_e (Å) を求めなさい.

　ある物質において,どの結晶構造が安定となるかは,結晶を考える上での基本的な問題である.原子間ポテンシャルの形状と配位数 $Z = 4$ のダイヤモンド構造が安定となることを確認していただきたい.

結晶構造の特徴	結晶構造の模式図
・ダイヤモンド構造 (diamond) 半導体に良く見られる結晶構造.2個の原子を一対として面心立方位置に原子対が配置する構造.	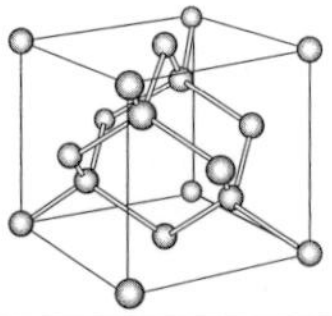
・単純立方構造 (simple cubic) 立方体の隅に原子が配置する構造.	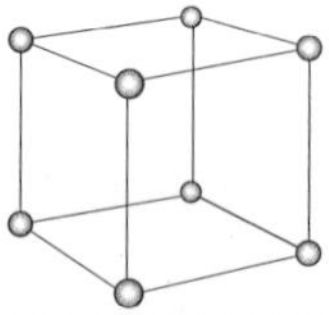
・体心立方構造 (body centered cubic) 金属に良く見られる結晶構造.立方体の隅と中心に原子が配置する構造.	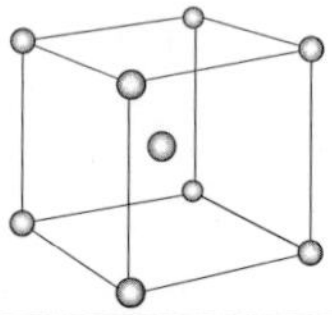
・面心立方構造 (face centered cubic) 金属に良く見られる結晶構造.立方体の隅と各面の中心に原子が配置する構造.	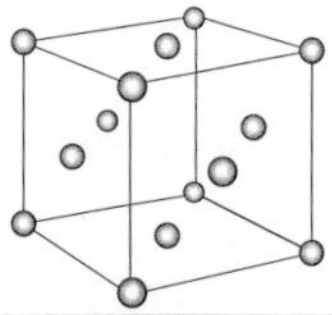

図5. 各種結晶構造の特徴

体心立方構造の配位数は,最近接原子からの寄与に加えて隣接する体心位置の原子(第2隣接原子)から1.7に相当する寄与があるため $Z = 9.7$ となる.

2. 計算科学でわかること

演習 2. 表面構造の安定性

(1) Si(001)理想表面の原子間距離 r_{ij} (Å) を求めなさい [ヒント：演習 1 で求めた Si の r_e (Å) を $4/\sqrt{3}$ 倍したものが、図 5 に示したダイヤモンド構造の立方体の一辺の長さ a (Å、格子定数) となる。(001)表面はダイヤモンド構造の立方体の上面なので、表面の原子間距離 r_{ij} (Å) を得るには、a (Å) を $1/\sqrt{?}$ 倍すればよい。? の値は考えてください]。

(2) 演習プログラム ex 2.f を用いて、表面原子間距離 r_{ij} (Å) に (1) で求めた値を代入して、表面を含むエネルギー D_e (eV/atom) を計算しなさい。

(3) 同様に表面を含むエネルギー D_e (eV/atom) を、表面原子間距離 r_{ij} (Å) の関数として計算をしなさい。表面原子間距離 r_{ij} (Å) が小さくなるにつれて、D_e (eV/atom) はどうなるかを調べなさい。

演習 1 は、3 次元での周期性をもつバルク結晶に関するものであった。薄膜結晶成長の舞台となる表面においては、x-y 平面の 2 次元の周期性は残るが、z 方向の周期性が失われる。このために、表面固有の原子配列が現れる。半導体表面の特徴は、表面原子が対となった 2 量体（ダイマー）の存在にある。例えば、ダイヤモンド構造をもつ Si 結晶を(001)面が露出するように切断すると、図 6 に示すような理想的な表面が出現する。この理想表面に露出した Si 原子は、下方の 2 個の Si 原子と結合しており、その配位数は高々 $Z = 2$ に過ぎない。表面 Si 原子が配位数を増やして $Z = 4$ に近づけようとするにはどうすればよいであろうか。実は図に示すように隣の表面 Si 原子と対を形成して 2 量体（ダイマー）を形成するのが、有利な選択である。演習 2 では、ダイマー化した表面が安定であることを確認していただきたい。

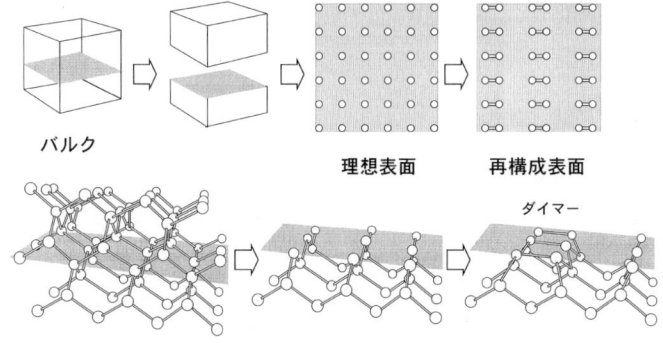

図 6. Si(001)表面の原子配列
理想表面が再構成して、ダイマーが存在する表面となる。

3. 結晶成長への応用

　前節で取り上げた結晶構造，表面構造の安定性といったあらかじめ原子配列を仮定した計算においては，計算科学は十分に信頼性の高い結果を与える。しかしながら，「結晶構造あるいは表面構造がどのようにして出現するのか」という問いに対しての解答を与えることはできない。結晶成長のような時々刻々原子配列が変化していくような場合をどのように扱うかは，計算科学における大きな課題の一つとなっている。結晶成長と一口で言っても，さまざまな成長の形態がある。大別すればバルク成長とエピタキシャル成長である。

　<u>バルク単結晶成長</u>は，装飾用のルビー，サファイア，光学機器用の水晶などを人工的に製造することから始まった。これら人工結晶の工業的応用が注目され，トランジスタの発明を機に半導体である Ge，Si へと対象が拡張されていった。今日ではバルク単結晶成長は，半導体結晶のみならず，振動子用，弾性表面波応用，磁性応用単結晶なども含めてエレクトロニクス，オプトエレクトロニクス工業そのものと深く関わり合っている。これらの単結晶は融液から結晶成長させるが，実験的な困難さから「融液構造がどうなっているのか，どのようにして融液から規則正しい原子配列をもった結晶ができあがるのか」については解明されていない。その意味でコンピュータシミュレーションに対する期待は大きい。この融液成長を理論的に扱うには，激しく動き回る原子の動きを再現する必要があり，分子動力学法は有力な計算手法となる。すでに述べたように分子動力学法では，原子間の相互作用を記述する経験的原子間ポテンシャルと運動方程式に基づいて，原子の動きを追跡していく。したがって，融液状態の性質を調べることはもちろんのこと，融液を冷却することにより生成される固体の構造を計算によって予測することもできる。このような立場から，Si を対象としたバルク結晶成長のダイナミクスが第 2 章に示される。

　一方，このようにして得られたバルク結晶を薄板状に切り出して基板として，その上に結晶成長させることをエピタキシャル成長と呼ぶ。<u>エピタキシャル成長</u>は，結晶基板面上に基板のもつ規則正しい原子配列にそって結晶が成長することを意味する。エピタキシャル成長の方法として，代表的なものに気相成長法がある。気相成長法は，基板上に原料を気相の形で供給してエピタキシ

ャル成長させるもので，半導体電子デバイスや光デバイス作製において不可欠な手法である．気相成長法の中で，原料を化学種の形で供給して基板上で化学反応させる方法を化学気相成長法（CVD：Chemical Vapor Deposition）と呼ぶ．また原料を分子あるいは原子の形で供給する分子線エピタキシャル法（MBE：Molecular Beam Epitaxy）も代表的なエピタキシャル成長法の一つである．エピタキシャル成長は，いずれの場合も表面を舞台にした結晶成長であるので，バルク結晶成長の場合とは取り扱いが異なってくる．

ここで，再び式(1)の原子間ポテンシャルの表式を思い起こしていただこう．

$$V_{ij} = A \exp(-\theta r_{ij}) - B \exp(-\lambda r_{ij})/Z^{\alpha} \tag{1}$$

r_{ij}は原子間距離，Zは配位数である．式(1)の第2項は，各イオン間に均等に電子が配位して引力をもたらしていることを意味している．表面では，電子は一体どうなるのであろうか．実は表面においては，イオン間に位置しない電子が表面に存在する点に注意されたい．すなわち，表面の未結合手（ダングリングボンド）にも電子が存在している．バルクと表面を経験的あるいは第一原理の立場から取り扱う際の相違点を図7に模式的に示す．ダングリングボンド中の電子の存在は，式(1)の経験的原子間ポテンシャルでは考慮されていない．このダングリングボンド中の電子が，表面では大きな役割を果たす．例えば

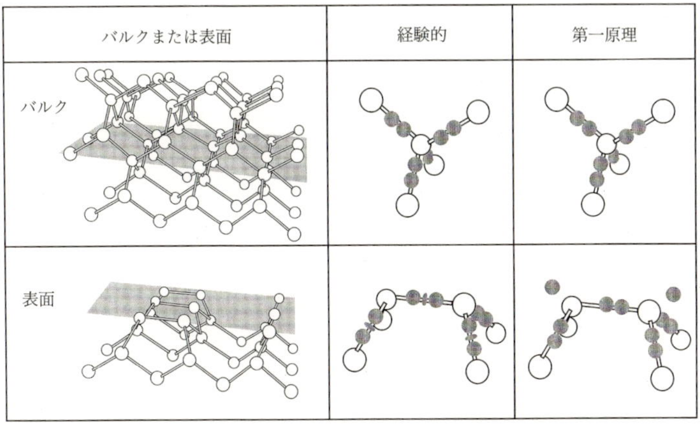

図7. バルクと表面に対する，経験的計算および第一原理計算からのアプローチの違い
ダングリングボンドを含む表面を扱う際には，第一原理計算が不可欠である．

Si(001)表面においては，ダイマーを構成する一方の原子が上がり，もう一方の原子が下がるという非対称ダイマーが出現する．このように等方一様でない表面を考える上では，原子間ポテンシャルによる解析には限界があり，第一原理計算による解析が必要となる．

　ダングリングボンド中の電子の寄与が，さらに顕著に現れる例として化合物半導体であるGaAsの表面を考えてみよう．図8は，GaAsバルク結晶から表面を切り出してきたときに，GaAs(001)表面がどのようになるかを模式的に示したものである．ダイマーの存在はSiと同様であるが，大きな特徴はダイマーが存在しない場所（欠損ダイマー）が現れてくるということである．その理由は，ダイマーを取り除くことにより，Gaダングリングボンド中のすべての電子が，Asダングリングボンドへ移動して，Gaダングリングボンドを空に，Asダングリングボンドを完全に占有する状態が実現されるからである．詳細は第3章で述べるが，GaAsのような化合物半導体では，表面での電子の移動が表面安定化に大きな寄与をもつことが知られている．このように表面が関連した現象を考える上では，電子レベルからの解析，すなわち第一原理計算が必要となる．ここで第3章の内容も参考にしながら，GaAs表面での電子の移動に注目した簡単な演習をやってみよう．

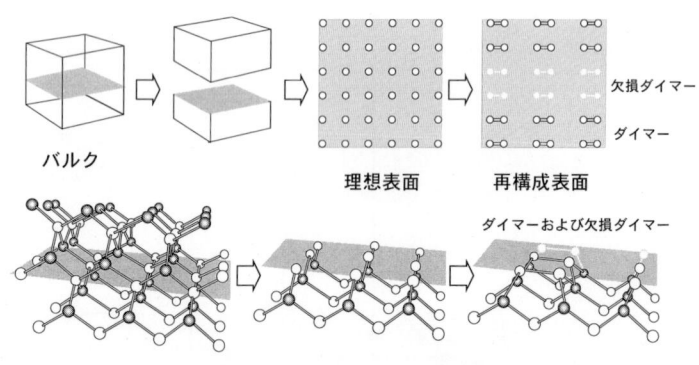

図8．**GaAs(001)表面の原子配列**
Si(001)表面とは異なり，理想表面が再構成して，ダイマーと欠損ダイマーが共存する表面となる．

演習3. GaAs表面構造の安定性

(1) 演習プログラム ex 3.f を用いて，図9(a)に示すGaAs(001)理想表面（ATOM 1 から ATOM 12 の原子をすべて残した表面）におけるダングリングボンド中の電子数を計算しなさい。

(2) GaAs(001)理想表面からAs原子あるいはGa原子を取り除いて，図9(b)以下の表面について，ダングリングボンド中の電子数を計算しなさい。

Gaダングリングボンド中には3/4個の電子が存在し，Asダングリングボンド中には5/4個の電子が存在する。Asダイマーには10/4個の電子が存在していることにも注意して，GaダングリングボンドとAsダングリングボンド中の電子の足し算，引き算を実行して電子数 ΔZ を計算する。このプログラムでは，GaダングリングボンドからAsダングリングボンドへ電子が完全に移動していれば $\Delta Z = 0$，Gaダングリングボンドへ電子が N 個残っていれば $\Delta Z = +N$，Asダングリングボンドが N 個ほど収容する余裕があれば $\Delta Z = -N$ と表示される。GaAs(001)理想表面から原子を取り除いていくと，$\Delta Z = 0$ となる状況が現れることを確認していただきたい。

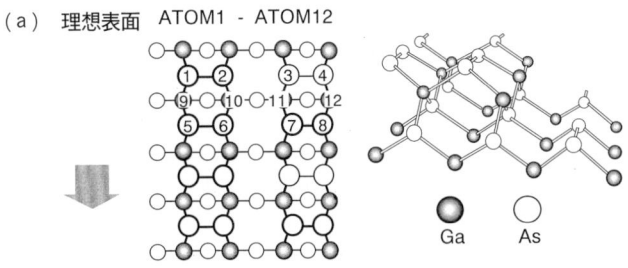

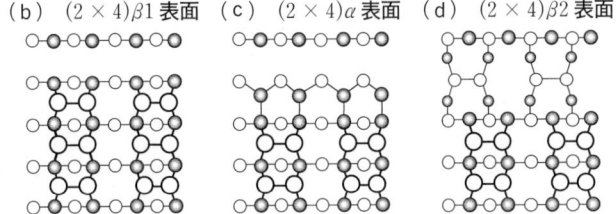

図9. GaAs(001)理想表面(a)と(2×4)再構成表面(b)-(d)
ATOM 1-ATOM 12の原子を除くことで(b)-(d)の表面構造を得ることができる。

KEYWORD ━━━━━━━━━━━━━━━━━━━━━━━━━━━━━━━━━━━━━━━ 表面再構成

　3次元的に周期的な原子配列をもつ結晶を劈開したとき，表面原子の配列が，結晶の内部平面を終端したものと同一になると考えるのは自然であろう。しかしながら，NaClなどの立方晶系イオン化合物の非極性（中性）表面のような例外を除いて，この理想表面が劈開により現れるのは希な現象である。ここで，原子間の結合を半導体に見られる化学結合手（ボンド）のようなもので代表させてみる。注目している表面原子の周囲ではボンドがいくつか切断されるため，電子配置においても，原子配置においても著しく非対称性が増大する。その結果，不安定あるいは準安定な高いエネルギー状態となる。この高いエネルギーを低下させるために，表面原子周囲の電子配置，原子配置の再配列が起こり，表面構造は固体内部の結晶構造から期待される構造的特徴と大きく異なった複雑な幾何学配置となる。これを表面再構成と呼び，ボンド描像の成立する半導体あるいは部分的に成立する遷移金属に多く見られる現象である。同様の状況は，ボンド描像の成立しない単純金属においても，伝導電子の再分布と金属イオンの再配列という形で現れるが，多くは固体内部の構造的特徴が保持されており，格子緩和として表面再構成とは区別される。

COLUMN ━━━━━━━━━━━━━━━━━━━━━━━━━━━━━━━━━━━━━━━ 表面構造の表記法

　固体結晶は，3次元的に周期的な原子配列をもつことは良く知られている。一方，真空と接する結晶の表面においては，3次元的な周期性はもはや存在せず，一般に2次元の周期性が保持されるだけである。表面の周期性は，基本並進ベクトル $\mathbf{T} = M\mathbf{a} + N\mathbf{b}$ により表される。ここで M, N は整数，$\mathbf{a}, \mathbf{b}$ は基本ベクトルであり，ある物質Rにおける(hkl)表面の構造はR(hkl) $M \times N$構造として定義される。さらに，平面格子が結晶内部の格子に対して角度 ϕ だけ回転しているときには，この角度を含めてR(hkl) $M \times N - \phi$ と表示する。簡単に表面構造を考えるには，固体内部の平面が終端されたものを参考にすればよい。例えば，Ni(110)表面やMgO(100)表面においては，平面格子の周期性や方位は固体内部の格子と同様の1×1構造が見いだされる。一方，半導体表面や異種原子が吸着した表面のように電子配置が大きく変化するような場合には，表面再構成が起こり周期性は固体内部と異なってくる。その例として，GaAs(100)2×4構造やSi(111)7×7構造があり，大きなM, N値をもつ長周期構造が観察される。

3. 結晶成長への応用

　1節で述べたように，電子レベルから問題を扱う第一原理計算には，大雑把に無限小から原子，分子を構築していく化学的手法と，無限大から対象とする領域を取りだしてくる物理的手法とに分かれる．図3に示したように本書では，化学反応が重要なCVD成長を第一原理計算の化学的手法で，MBE成長は第一原理計算の物理的手法で，それぞれ取り扱う．MBE成長に関しては，表面での成長素過程からさらに薄膜へと成長していく過程を，一方の動的計算手法であるモンテカルロ法によりシミュレートする．そこでは，表面上への原子の飛来，安定位置への移動，原子の交換といった一連の事象が確率的に取り扱われる．その結果，MBE成長過程をコンピュータ上で再現することが可能

COLUMN　　　　　　　　　　　　　　　　　　　　　　　　　　**GaAs表面の特徴**

　Ga-As二元系における金属間化合物であり，またIII-V族化合物半導体として知られているGaAsは，Ga原子とAs原子が面心立方副格子上に交互に配列した閃亜鉛鉱型構造をもつ．このGaAsの(001)表面は，分子線エピタキシー（MBE）法や有機金属気相エピタキシー（MOCVD）法などによるさまざまな化合物半導体の薄膜結晶成長における，基板表面として一般的に用いられている．GaAsを(001)面が露出するように切断すると，2種類の表面が考えられる．1つはGa原子が最表面に存在する場合であり，もう1つはAs原子が最表面に存在する場合である．前者をGa安定化面，後者をAs安定化面と呼び，表面近傍における温度および気相中のAs雰囲気に依存して，いずれかの表面が現れる．例えば，GaAs(001)表面は，昇温過程におけるAs脱離に伴い，その構造を変化させる．図C1に代表的なAs安定化面のc(4×4)構造，(2×4)構造ならびにGa安定化面の(4×2)構造を示す．As脱離に伴い，初期状態のAs安定化c(4×4)構造（図C1(a)）から(2×4)構造（図C1(b)），さらには(3×1)構造，(2×6)構造を経て，最終的にGa安定化(4×2)構造（図C1(c)）へと連続的に変化していくことが実験的に調べられている．

　原子レベルでのこれらの構造の詳細は，走査型トンネル顕微鏡（STM）観察や量子論に基づく第一原理計算に基づいて決定されている．図C1(b)のAs安定化(2×4)β2構造を考えると，この表面は，単純に切断した結果出現すると予想される理想表面とは大きく異なっている．すなわち，最表面のAs原子同士が接近して結合を形成したAsダイマー列の存在，さらに最表面のAsダイマーとその下層のGa原子が

となる。

　本書では，原子レベルあるいは電子レベルといったミクロな立場からのアプローチを扱っている。これらによれば，実験的には解明することが困難な現象に対しても，一定の解釈を与えることができる。しかしながら，ミクロなアプローチであるが故に，我々が目にするマクロなスケールにおける結晶へと，どのように成長していくのかという点については，必ずしも有効ではない。ミクロとマクロを結びつけるための努力は，今後の計算科学において重要な課題である。その議論を終章において行う。

欠損した欠損ダイマー列の存在である。As 安定化(2×4)構造は，これらの As ダイマーを単位とする 2 倍周期と，2 列の As ダイマー列および 2 列の欠損ダイマー列を単位とする 4 倍周期により特徴づけられる。

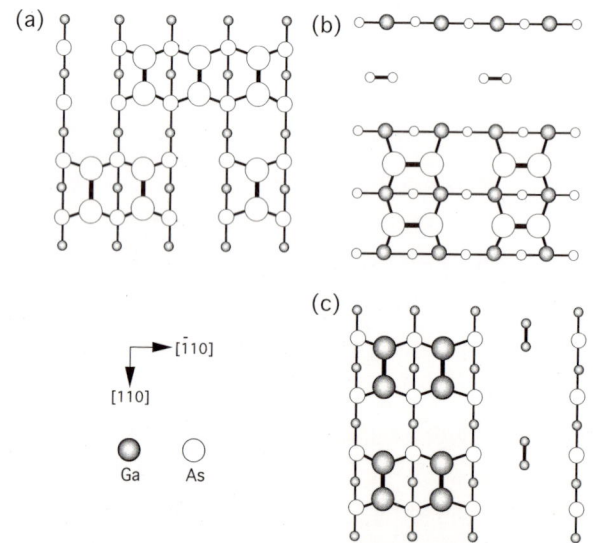

図 C1. さまざまな GaAs(001) 表面構造
（a）As 安定化 c(4×4)構造，（b）As 安定化(2×4)構造，（c）Ga 安定化(4×2)構造。

おわりに

我々が手にする結晶中の原子配列は,バルク結晶成長あるいはエピタキシャル結晶成長の結果として現れてくる。これらが,どのようにして現れてくるかをコンピュータを使って調べようと言うのが,本書の目的とする所である。第1章ではバルク成長を取り扱い,Si融液から結晶が成長していく様子が分子動力学法を用いて示される。第2章以降は,表面が結晶成長の舞台となる。第2章では表面での有機原料と水素の反応,CVD成長との関わりが,分子軌道法を用いた計算により明らかにされる。第3章ではエピタキシャル成長過程が,擬ポテンシャル法とモンテカルロ法を組み合わせてシミュレートされ,表面構造が変化していく様子が示される。これら個々のアプローチは,方法論としては確立されてはいるものの,実際に結晶成長という複雑な過程へ応用されるようになったのは,高々ここ10年余りのことに過ぎない。その意味では,本書に書かれている内容は,結晶成長学の分野で確立されてきたものというよりも,むしろ現在解明中の研究の最前線の紹介といった趣となっている。この本を読んで,コンピュータ上で結晶成長をシミュレートしてみようという人が増えれば,著者一同にとって望外の幸せである。

文献

1) 川添良幸・三上益弘・大野かおる:コンピュータ・シミュレーションによる物質科学―分子動力学法とモンテカルロ法,共立出版 (1996)
2) 廣田穰:分子軌道法,裳華房 (1999)
3) 白石賢二・影島博之・伊藤智徳:ナノエレクトロニクスと計算科学,電子情報通信学会 (2001)
4) 伊藤智徳:半導体材料設計と量子論的成長シミュレーション,日本結晶成長学会誌, **23**, 43-49 (1996)
5) Ito, T.: Recent progress in computer-aided materials design for compound semiconductors. *J. Appl. Phys.*, **77**, 4845-4886 (1995)
6) Ito, T.: Quantum mechanical simulation of thin film growth for semiconductor materials design. *Recent Res. Devel. in Applied Phys.*, **1**, 149-191 (1998)

coffee break　歴史に学ぶ

　これまで本書の大まかな流れをざっと見てきました。これからいよいよ皆さんは，それぞれの計算手法とその応用に関する具体例を勉強することになります。このコーヒーブレイクは，それぞれの章を勉強した後ちょっと一服してもらうために設けてあります。気楽に眺めてください。

　計算機シミュレーションといえば，現在では日常生活でも違和感なく受け止めることができますが，その歴史を遡っていくと戦争に行き当たります。戦争は悲惨なものですが，戦争のたびに科学が大きく進歩してきたのも悲しい現実です。計算機シミュレーションの歴史は，第二次大戦末期（といっても若い人にはピンと来なくなっているかもしれないので，1943年）に米国で開発されたENIAC（Electronic Numerical Integrator And Computer）に源を発しています。ENIACは真空管18,000本からなる巨大な計算機で，ペンシルバニア大学に設置されていました。これを利用したテーマの一つに，日本軍の神風特攻機を防ぐための対空砲火のシミュレーションがありました。シミュレーションの結果，対空砲火は，神風特攻機に対してではなく，特攻機の予想進入経路に集中させれば良いということで，撃墜率を飛躍的に高めたということを聞いています。うろ覚えですが確か，単純に水面に平行に対空砲火を浴びせれば良かったと記憶しています。すでに1940年代半ばにして，計算機シミュレーションによる"予測"が（悲しい利用の仕方とはいえ）実際に役に立っていたということですね。

　さて科学の世界での応用が結実し始めるのは，ENIACに次いで1948年に登場したMANIAC（Mathematical ANalyzer, Integrator And Computer）からです。"mathemtaical analyzer"という言葉にENIACとは異なる科学への応用の期待が込められています。数学者のノイマン（J. von Neuman）や物理学者のフェルミ（E. Fermi）による，部分の運動と系全体の運動との関係のシミュレーションは，当時の研究者の興味がどこにあったかを如実に物語っています。すなわち系全体の巨視的な性質 X と構成粒子の微視的な量 x の時間変動との関係です。数学者のメトロポリス（N. Metropolis）は，構成粒子1つ1つについての x の値を求めて，それらの平均としての巨視的な性質 X を計算する手法を考案しました。テラー夫妻（A. H. Teller and E. Teller）とローゼンブルース夫妻（A. W. Rosenbluth and M. N. Rosenbluth）の協力の下に論文を発表したのが1953年のことでした。これが今日も一般的

に用いられているモンテカルロ（Monte Carlo：MC）法の原型で，特にメトロポリスのアルゴリズムとして有名です。

　1950年代半ばになると，アルダー（B. J. Alder）らによって分子動力学（Molecular Dynamics：MD）法が開発されました。強い斥力ポテンシャルをもつ剛体球を仮定して，系の平衡状態や輸送に関する性質が調べられました。その過程でMC計算との比較検討が行われ，MC計算とMD計算が同一の結果をもたらすことも示されています。ただ，この剛体球は現実には存在しないものですので，現実系への応用とは言えませんでした。その後ラーマン（A. Rahman）によるレナード・ジョーンズ（Lennard-Jones）ポテンシャルを用いた液体アルゴン（ここで初めて具体的な物質が現れてきます）に関するMD計算が行われて，具体的な物質へと適用されていくことになります。特に1970年代に始まったラーマンとスティリンジャー（A. Rahman and F. H. Stillinger）による一連の水のMD計算は，水の物性の微視的な理解に大きな貢献をしています。

　さて次章で出てくるStillingerの名前が出たところで，歴史の話はおしまいにします。計算機シミュレーションが生み出された背景はおわかりいただけたでしょうか。戦時下での計算機ENIACの登場，そしてMANIACを通して科学に応用する過程で，巨視的な性質と微視的な性質との関連を調べるための手段として生み出されたということですね。歴史は繰り返すと言います。本書で取り上げる結晶成長においても狙っていることは，計算機シミュレーション黎明期と大差はないという気がします。ただ，実際に調べたい特定の結晶について現実系での議論が可能となってきている，しかもさらに微視的な電子の立場から，という点では異なっていますが…。また科学の進歩という観点から言えば，比較的平和な現在も核実験禁止にともなう代替実験として，核実験の計算機シミュレーションが行われ，巨額の投資が行われています。軍事研究が科学の進歩を促し，現在もまた計算機シミュレーションを利用した巨視的な現実系への新展開をもたらしつつあるのも事実です。このように歴史を遡るといろいろなことが見えてきます。皆さんには本当に人類の役に立つことのために，計算機シミュレーションを利用していただきたいと切に願いたいと思います。歴史は繰り返すかもしれませんが，歴史は遡ることができますし，歴史に学ぶこともできますからね。

1 融液成長のダイナミクス

結晶成長と聞いて,まず最初に思い浮かぶのは融液成長である。融液成長によって作製されたバルク単結晶から,半導体集積回路などで利用される単結晶基板が得られる。本章では融液成長を対象に,分子動力学法によるシミュレーション結果を示す。具体的には,Si 固液界面における結晶成長様式を,原子配列の時間変化から探っていく。

はじめに

　近ごろ世界を騒がせたコンピュータ 2000 年問題は,現代社会がコンピュータに,いかに大きく依存しているかを如実に物語っている。そのコンピュータを支える基盤材料はシリコン(Si)で,ウエハ状の単結晶 Si 基板の上に作製された集積回路がコンピュータのハード部分を構成している。単結晶 Si 基板のほとんどは融液 Si からの結晶成長,特に融液からの結晶引き上げ(チョクラルスキー法)により作られているが,集積回路素子の微細化に伴い単結晶 Si 中の格子欠陥密度の低減化に対する要求がますます厳しいものになってきつつある。格子欠陥密度は結晶引き上げ時の種々の条件に強く依存することが実験的に知られているが,格子欠陥発生のメカニズムについてはほとんど理解されていない。

　本章では,分子動力学 (Molecular Dynamics : MD) シミュレーションを用いて Si 原子の運動を追跡することにより,Si 融液からの結晶成長を計算機の中で模擬的に行う方法について解説する。まず,単結晶 Si を融解して Si 融液を作成し,融液のミクロな構造を調べる。つぎに,直方体状の単結晶 Si に

対して，長軸方向に温度勾配を与えることにより固液界面を作成し，定常状態における界面構造を調べる．さらに，温度勾配を時間的に変化させることにより，融液からの結晶成長を誘起し，結晶引き上げ方向・速度と成長過程の相関を調べる．また，シミュレーションの結果と，最近可能になってきた高分解能電子顕微鏡による原子像観察結果との比較も行う．

1.1 融液成長とは

　集積回路用単結晶 Si 基板は，人類が工業的規模で作製を可能にした，唯一のほとんど完全に近い結晶である．このような完全結晶を作るためには，主として欧米で生まれた数々の技術革新が必要であったが，現在では世界中のシリコンウエハの大部分が品質管理技術に優れた日本のメーカで生産されている[1]．図 1.1 はチョクラルスキー (Czochralski：CZ) 法による単結晶 Si 成長のための装置の模式図である．石英るつぼの中に高純度多結晶 Si の塊を入れ，黒鉛製ヒータに電流を流すことにより加熱・融解する．得られた融液 Si に細い棒状の種結晶を入れ引き上げていく．このとき，ヒータの温度と引き上げ速度を上手にコントロールすることにより，直径が一定の円柱上の単結晶 Si が得られ，これをスライス・研磨して集積回路用の Si ウエハが作られている．

　融液からの結晶成長の駆動力は，マクロには過冷却度 $\Delta T = T_m - T$ (T_m：融点，T：融液の温度) により決まる．すなわち，ΔT が大きい融液

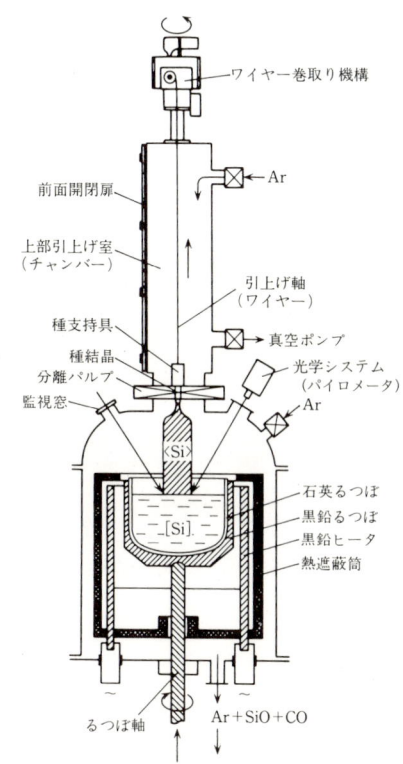

図 1.1　チョクラルスキーによる結晶引き上げ装置の模式図
(文献 1 より転載)

ほど結晶化が起こり易い。過冷却状態（融点以下でも固化せずに液体のままの状態）にある融液ではどの部分からでも，特に異物や石英るつぼの壁から勝手に結晶化が起こってしまう。したがって，結晶化の駆動力が引き上げ部分の固液界面のみに一様に働くようにすることが技術的な課題となる。このために，結晶引き上げの現場では，ヒータ温度，引き上げ速度，るつぼの回転などと結晶成長の相関について多くの経験則が積み重ねられている。しかしながら，結晶引き上げ条件の設定は技術者の勘に頼る部分がまだ多く存在するのが現状で，確固たる科学的知識に立脚した成長条件の最適化が強く望まれている。

ところで，上に述べた完全結晶と言う意味は，線状の原子配列の乱れとして定義される転位[*1]がないということで，転位以外の微小欠陥は存在し得る。特に，融液からの結晶成長は高温プロセスであるので，高温における結晶 Si 中には点欠陥とよばれる原子空孔や格子間原子が必ず存在する。これらの点欠陥が結晶冷却時にクラスター化してできる微小欠陥を成長時導入欠陥（grown-in 欠陥）と総称するが，空孔クラスターと格子間原子クラスターの両方が電

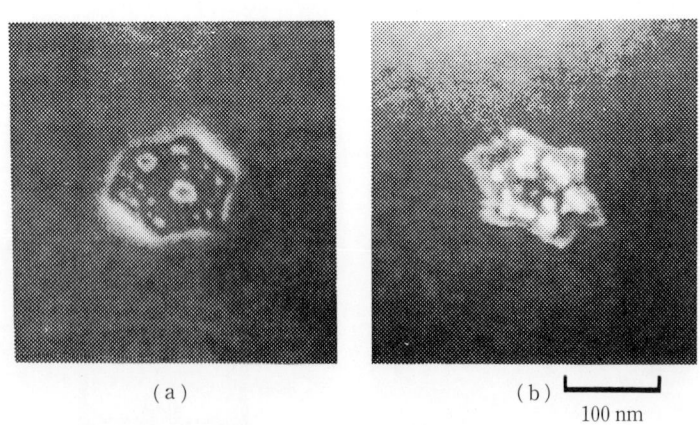

(a)　　　　　　　　　(b) ⊢──┤
　　　　　　　　　　　　　　100 nm

図 1.2　grown-in 欠陥の例
(a) 6 角形，(b) 花形の微小転位ループ（文献 2 より転載）

[*1] 格子欠陥の一種。結晶内の線（転位線）に沿って起こった一連の原子変位をいう。転位の運動と増殖は結晶の塑性変形の基本過程である。半導体結晶成長においては融液成長過程での熱応力，エピタキシャル成長過程での界面ひずみにより発生し，素子特性への影響も大きいことから，その性質さらには密度の低減などに関して広く研究されている（続刊の第 3 巻，第 4 巻を参照）。

子顕微鏡により観察されている。図1.2に格子間原子クラスターによるものと考えられている微小転位ループの例を示す[2]。これらのgrown-in欠陥のサイズは100 nm程度であり，今後の高密度集積回路用の基板としては致命的な欠陥となる恐れがある。現在，この種の欠陥の発生をいかに抑制するかが重要な課題となっているが，その原子スケールでの形成過程はほとんど不明である。

なお，融液成長（融液からのバルク結晶成長）の巨視的描像について本シリーズ第5巻に解説されているので併せて読んで頂きたい。

1.2　分子動力学計算

分子動力学法は，物質の振る舞いを，その物質を作っている原子や分子の古典力学的運動に基づいて調べる方法である。以下では，話を具体的にするために，N個のSi原子の集まりを考えることにする。原子系の古典力学的運動は，時刻tにおける各原子の位置ベクトル$r_i(t)(i=1, 2, \cdots, N)$により記述されるが，$r_i(t)$は$N$個のNewton方程式

$$m\ddot{r}_i(t) = F_i(r_1(t), r_2(t), \cdots, r_N(t)) \tag{1.1}$$

を連立させて，適当な初期条件のもとに解くことにより定まる。ここに，mはSi原子の質量（4.66×10^{-23}g），F_iはi番目の原子に働く力で，一般には$r_1(t), r_2(t), \cdots, r_N(t)$の関数となる。

力F_iを正確に決めるためには，Si原子中に存在する電子を含めた量子力学系のシュレーディンガー方程式を解く必要がある。しかしながら，多電子系のシュレーディンガー方程式を正確に解くことは不可能で，さまざまな近似法が必要となる。このような量子力学的計算に基づいて得られた力を用いる方法を第一原理分子動力学法と総称している。第一原理計算に関する詳細は第3章を参照されたい。第一原理計算は，原子数が多くなると計算時間が膨大となり，結晶成長のシミュレーションには不適である。幸いなことに，Siについては多くの経験的ポテンシャル$V(r_1, r_2, \cdots, r_N)$が開発されているので，本章ではTersoffポテンシャルを使い，力はポテンシャルを微分して

$$F_i(t) = -\frac{\partial}{\partial r_i} V(r_1, r_2, \cdots, r_N), \tag{1.2}$$

求めることにする。なおTersoffポテンシャルについては付録で解説する。

力が求まれば，方程式(1.1)を解いて原子の運動が追跡できるが，それで完了というわけにはいかない．現実の物質中には極めて多くの原子が含まれている．例えば，一辺 1 cm の立方体状の結晶 Si 中には約 5×10^{22} 個の Si 原子が存在する．したがって，物質中の全原子を扱うのは到底不可能で，通常使われている原子数は数十から数千個である．さらに，現実の物質が示す性質，例えば密度，比熱，粘性率などは温度・圧力などの環境条件に依存する．実験は通常，温度と圧力が定まった条件下で行われるので，分子動力学によるシミュレーションも同様の条件下で行うのが望ましい．

これらのことを考慮すると，融液からの Si 結晶成長の分子動力学シミュレーションの手続きはおおよそ次のようになる．まず，X，Y，Z-軸を綾とする直方体の箱を考え，この中に原子を入れる．この箱を MD セルと呼ぶことにする．MD セルのサイズを与えると物質の密度から原子数が決まることになる．例えば，$16.3\times16.3\times16.3 Å^3$ の MD セルにより結晶 Si の分子動力学を実行するには，216 個の原子が必要となる．この MD セルを X，Y，Z-方向に隙間なく並べることにより空間を埋め尽くすことができるが，数学的には MD セルの表面において周期境界条件を使うことに対応している．この操作により，表面の存在は忘れることができ，物質のバルクな性質のシミュレーションが可能になる．

次に，温度と圧力の設定であるが，その前に温度と圧力の定義をハッキリさせておこう．絶対温度 T（単位はケルビン，K）は，物質中の原子の運動の激しさを表す尺度で，原子の運動エネルギーの平均値 $<1/2mv^2>$ を $3/2 kT$（等分配則）と置くことにより定義される．ここに v は原子の速度ベクトル，k はボルツマン定数（1.38×10^{-23} J/K）である．圧力 P は，物質の表面に衝突する原子により生み出される単位面積あたりの力として定義され，$PV = NkT + 1/3 <\sum r_i \cdot F_i>$（$V$：物質の体積，$N$：物質中に含まれる原子の個数）なる関係式が証明されている．ここで，右辺第 1 項は原子の運動エネルギーからの，第 2 項は原子間力からの寄与を表している．

以上の定義からわかるように，温度や圧力は原子の運動に関する統計平均量として算出される．このような平均操作のことをアンサンブル（ensemble）平均とよぶ．アンサンブルとは原子系の状態（古典力学では各原子の位置と速

度が与えられると系の一つの状態が定まる）の集合である．すなわち，分子動力学を用いて時々刻々の原子の位置と速度を計算することにより，アンサンブルを作ることができる．例えばセルのサイズ，すなわち系の体積 V と原子数 N を一定として方程式(1.1)を解いて得られるアンサンブルを，NVE アンサンブルあるいはミクロカノニカルアンサンブルと呼ぶ．ここで，E は原子系の全エネルギー（＝運動エネルギー＋ポテンシャルエネルギー）で時間によらない保存量（運動の定数）である．すなわち，NVE アンサンブルでは全エネルギーが一定で，このような状況は原子系が外部と何の相互作用も持たない閉じた系であるときに実現される．一方，温度が一定の系は，外部とエネルギー交換が許されるときに実現される．外部系は原子系にくらべて十分大きくかつ温度 T の熱平衡にあり熱浴と呼ばれる．この条件下で得られるのが NVT ア

KEYWORD 周期境界条件

シミュレーションにおいては，多くの原子，分子の集合体を扱うための工夫が必要である．現在の計算機の演算能力では分子動力学計算で取り扱える粒子数は最大で 10^6 個程度であり，現実の物質の 10^{23} には遠く及ばない．そこで，分子動力学計算においては，現実の物質の一部を取り出して基本セルと呼ばれる箱の中に配置する．図 K1 に示すように，この基本セルの周囲にレプリカを配して，レプリカからの力の寄与も考慮する周期境界条件を設定する．周期境界条件下では，基本セルの一方の境界から飛び出した粒子は，もう一方の境界から基本セルに飛び込んでくる．周期境界条件には，1次元，2次元，3次元の場合があり，薄膜の解析の場合には2次元，バルクの解析の場合には3次元の周期境界条件を用いるというように，扱う問題に適した境界条件を選択する必要がある．このようにして少ない粒子数で，膨大な粒子数をもつ現実系に近づける工夫をしている．モンテカルロ計算においてもこのような周期境界条件が用いられる．

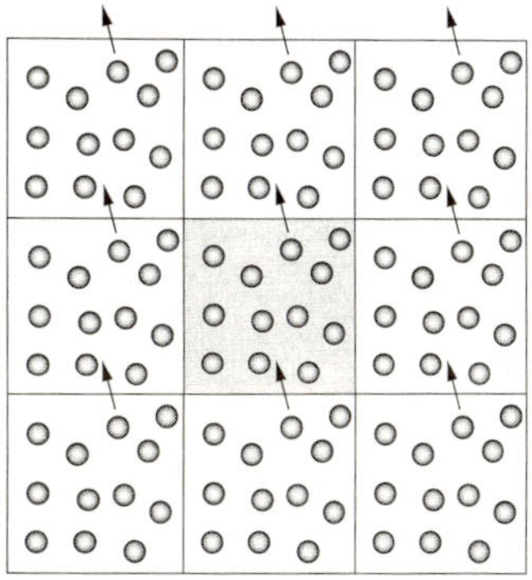

図 K1　周期境界条件の模式図

ンサンブルあるいはカノニカルアンサンブルである．温度と圧力が一定の系は，熱浴とエネルギーのみならず運動量の交換も許されるときに実現され，対応するアンサンブルは NPT アンサンブルと呼ばれる．温度，圧力が一定の系では，それぞれエネルギー E，体積 V が一定でなくなることに注意せよ．分

KEYWORD == **アンサンブル**

シミュレーションにおいては，どのような原子種をどのような母集団（アンサンブル）で計算するかを決める必要がある．アンサンブルとしては，大まかに NVE，NVT，NPH，NPT アンサンブルがある．NVE アンサンブルは，粒子数（N），体積（V），エネルギー（E）を一定に保つ孤立系であり，外部との接触はない．NVT アンサンブルは，N と V と温度（T）を一定に保つ系で外部の熱浴と接触してエネルギーのやりとりをする．NPH アンサンブルは，N と圧力（P）エンタルピー（H）を一定に保つ系で，基本セルの体積が変化する．NPT アンサンブルは，N，P，T を一定に保つ系で，熱浴とエネルギーのやりとりをして基本セルの体積も変化する．NVE アンサンブルは孤立したマイクロクラスターのシミュレーションに，NVT，NPT アンサンブルは固体の構造相転移，結晶化過程などのシミュレーションに用いられる．図 K2 にこれらのアンサンブルを模式的に示す．

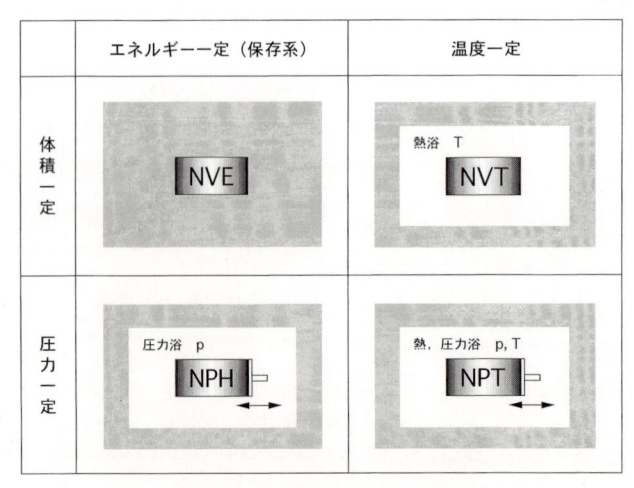

	エネルギー一定（保存系）	温度一定
体積一定	NVE	熱浴 T / NVT
圧力一定	圧力浴 p / NPH	熱, 圧力浴 p, T / NPT

図 K2　さまざまなアンサンブル

1.2 分子動力学計算   27

子動力学による種々のアンサンブル生成技法については参考書[3]にゆずり，ここでは (NVE) および (NVT) アンサンブルの作り方を演習問題の形で示しておこう．

演習4．2次元分子動力学プログラム

1. 原子の運動が平面内に限られた2次元分子動力学シミュレーションを考える．i-番原子の座標を2次元直交座標 $\bm{r}_i = (x_i, y_i)$，i, j-原子間の距離を r_{ij} で表す．原子間の相互作用ポテンシャルが

    $$V(\bm{r}_1, \bm{r}_2, \cdots, \bm{r}_N) = \sum V_{ij}$$
    $$V_{ij} = A\exp(-\lambda_{ij}r_{ij}) - B\exp(-\mu_{ij}r_{ij})$$

    で与えられるとき，i 番目の原子に働く力を式(1.2)を用いて求めよ．

2. 付録CD-ROM中のファイル2D-MD.fに上の力に基づく2次元分子動力学シミュレーションのフォートランプログラムが格納されている．READMEファイルを読んで，以下の計算を実行してみよ．

(1) MDセルのサイズを 25Å×25Å の正方形とし，時刻 $t=0$ において 100 個の Si 原子をセル中に導入し NVE アンサンブルを作成せよ．このとき初速度がゼロの場合とランダムな場合について，原子系の運動エネルギー，ポテンシャルエネルギー，全エネルギー E と全運動量 $\bm{P} = (P_x, P_y)$ を時間の関数としてプロットせよ．また，いくつかの時刻における原子の位置と速度をプロットしてみよ．

(2) 計算誤差が無視できれば，E，$\bm{P} = (P_x, P_y)$ は一定となるはずである．その理由を運動方程式に基づいて考察せよ．

(3) NVT アンサンブルを作るための簡便な方法は速度スケーリングである．この方法では，原子の速度 v_i に適当な定数を掛けて，原子系の全運動エネルギーが NkT（2次元系なので等分配則は1原子当たり kT となることに注意）と一致するようにする．$T = 300$ K と 2000 K の場合について，運動エネルギーを時間の関数としてプロットし，平衡状態において等分配則が成立することを確認せよ．また，平衡状態における原子配列の特徴を原子のトラジェクトリをプロットすることにより調べてみよ（低温で結晶状態のものが，高温ではガス状態となることに注意せよ）．

1.3 融液成長の分子動力学シミュレーション
1.3.1 計算方法

本節では NVT アンサンブルを用いる。バルク融液のシミュレーションでは，512 個の Si 原子を $21\times21\times21\,\text{Å}^3$ の立方体セルに閉じ込め，その密度が融液 Si の実験値，$2.57\,\text{g/cm}^3$ に一致するようにしている。境界条件は X, Y, Z 軸方向に周期条件を用いている。原子間力は Tersoff ポテンシャルを解析的に微分することにより算出し，時間ステップ $\Delta t = 2 \times 10^{-3}\,\text{ps}$（$1\,\text{ps} = 10^{-12}\,\text{s}$）で運動方程式を積分している。温度の設定は速度スケーリングにより行っている。融液成長のシミュレーションは図 1.3 に示すような MD セルを用いて行う。MD セルを図中に示すような温度分布を持つ熱浴に浸し，セルを等速度で Z-方向に引き上げる。温度分布を持つ熱浴を MD シミュレーションに取り入れるための方法として，ここでは Newton 方程式(1.1)の代わりに Langevin 方程式

COLUMN 運動方程式を解くためのアルゴリズム

多くの粒子を扱う分子動力学計算では，多体問題となる運動方程式(1.1)式を解析的に解くことができない。そこで，運動方程式を離散化（微分方程式の連続変数である時間 t を不連続な時間刻み Δt により記述）することにより，ある時間刻みで全粒子を移動させるステップを繰り返す。運動方程式を離散化して解くためのアルゴリズムとしては，数種類の方法が提案されているが，ここでは，一例として velocity Verlet 法の離散化式を示す。粒子 i の位置ベクトル $\boldsymbol{r}_i$ と速度ベクトル $\boldsymbol{v}_i$ を用いれば，運動方程式は以下のような形で与えられる。

$$\boldsymbol{r}_i^{n+1} = \boldsymbol{r}_i^n + \Delta t \boldsymbol{v}_i^n + \frac{\Delta t^2}{2m_i} \boldsymbol{F}_i^n \tag{C 1}$$

$$\boldsymbol{v}_i^{n+1} = \boldsymbol{v}_i^n + \frac{\Delta t}{2m_i} (\boldsymbol{F}_i^{n+1} + \boldsymbol{F}_i^n) \tag{C 2}$$

ここで，添え字 n は時間ステップ，Δt は時間刻みである。時間刻みは通常 1（fs）（fs はフェムト秒で $10^{-15}\,\text{s}$）程度である。適当な初期条件を与えてやれば，式(C 1)，(C 2)から各時間ステップでそれぞれの粒子の位置と速度を追跡していくことが可能となる。

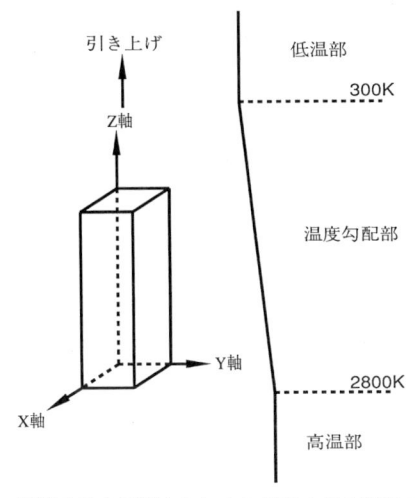

図1.3 融液成長を模擬するための MD セルと熱浴の模式図

$$m\ddot{\boldsymbol{r}}_i(t) = \boldsymbol{F}_i(t) - m\gamma\dot{\boldsymbol{r}}_i(t) + \boldsymbol{R}_i(t) \tag{1.3}$$

を用いている．Langevin 方程式は，歴史的には水に浮かぶ花粉の不規則な運動（発見者の名前を冠して Brown 運動と呼ばれる）を記述するために考案されたものである．花粉の不規則運動は，ランダムな熱運動をしている水分子との衝突によるものであるが，今の場合は，Si 原子がランダム運動をしている多数の電子と衝突をしていると考える．すなわち，電子系が熱浴の役割をしていると考えるわけである．このとき，Langevin 方程式(1.3)の右辺第 2 項は Si 原子の電子との衝突による摩擦力（γ は摩擦係数，friction constant），第 3 項は Si 原子が電子との衝突により受けるランダム力を表す．$\boldsymbol{R}_i(t)$ を座標 z の関数として与えることにより温度分布の実現が可能になる．境界条件は，X，Y 軸方向は周期条件，Z 軸方向は低温側の 2 原子層を固定，高温側は自由表面とする．ただし，原子の MD セルからの脱出を避けるために，表面から 2Å の位置に完全弾性壁を設定している．

1.3.2 融液構造

固体を加熱すると固体を構成する原子は，結晶格子位置を中心にして激しく

振動するようになる.加熱温度が融点を越えると,固体は結晶状態を保持することが出来ず,原子が流動して液体状態をとるようになる.熱力学的には,融点を越える温度 T では,原子が規則的に配列してポテンシャルエネルギーを下げるよりは,ランダムな配置をとってエントロピーを上げる方が系の自由エネルギー $F = E - TS$ (S：系のエントロピー) をより下げることができることによる.融点は固相（固体状態）の自由エネルギーと液相（液体状態）のそれが一致する温度であり,融点では固液両相が共存する.このような固相から液相への系の状態変化を相転移とよぶが,相転移点（今の場合融点）において両相が共存する場合を特に1次相転移と言う.これに対して,例えば永久磁石が高温でその強磁性を失うような相転移では,相転移点（強磁性の場合はキュリー点と言う）において系の状態は一つしかなく,これを2次相転移と呼んで区別している.1次相転移では,両相の共存に対応して物理量（例えば密度や比熱）が転移点で不連続な変化をする.融解の場合には,融点において固相におけるポテンシャルエネルギーの損 (ΔE) が,液相におけるエントロピーの得 (ΔS) に対応しており,$T\Delta S (= \Delta E)$ のことを融解の潜熱と呼んでいる.

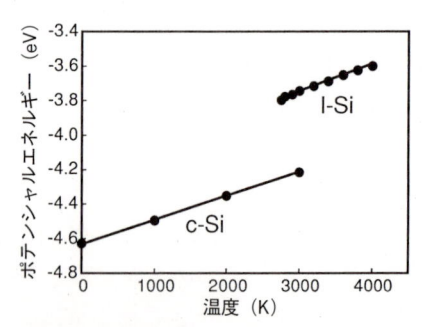

図1.4 Tersoff ポテンシャルを用いた分子動力学シミュレーションにより得られた固-液相転移の例

単結晶シリコン(c-Si)を 0 K から加熱してゆくと,1原子当たりのポテンシャルエネルギーは上昇する.一方,液体シリコン(l-Si)は 4000 K で融解して温度を下げてゆくにつれてポテンシャルエネルギーが下がる.実験では,融液の冷却により過冷却状態を経て結晶化に至るが,シミュレーションではガラス状態かアモルファス状態へ固化する.ポテンシャルエネルギーの温度変化は c-Si,l-Si ともにほぼ直線となり,その傾きは比熱を与える.また,c-Si と l-Si の状態が共存している領域でのポテンシャルエネルギーの差は融解の潜熱を与える.これらは実験値とよく一致している（文献 4 より転載）.

1.3 融液成長の分子動力学シミュレーション

実験的には1気圧下でのSiの融点は1683 K（1410°C）で融解に伴い約10％の密度上昇が起こることが知られているが，シミュレーションによる再現には世界の誰も未だに成功していない．図1.4は我々のシミュレーションで得られた固-液相転移の例を示す[4]．ここでは少しごまかしをやっており，液相の計算にはSi融液の密度を与えるMDセルを用いるが，固相の計算は単結晶Siの密度 2.33 g/cm^3 に対応して約10％体積の大きなセルを用いて行っている．図からわかるように融液側の最低温度と固体側の最高温度は一致していないが，ここでは暫定的に融液側の最低温度を融点とすると，約2700 Kとなり実

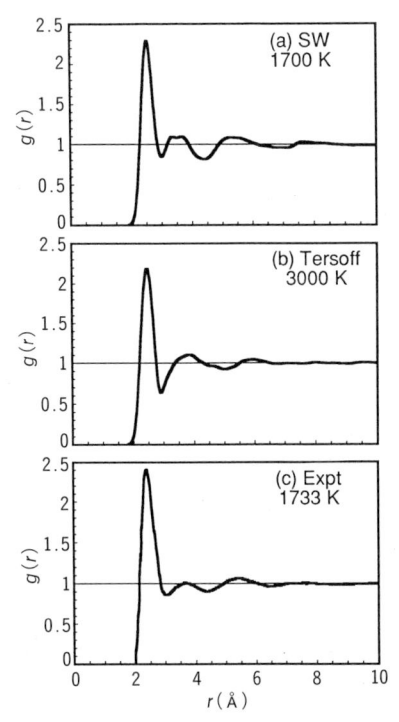

図1.5 融液シリコンの動径分布関数 $g(r)$
（a）SWポテンシャルを用いて1700 Kで加熱した場合の計算値，（b）Tersoffポテンシャルを用いて3000 Kで加熱した場合の計算値，（c）1733 Kで加熱した場合の実験値（文献5より転載）．

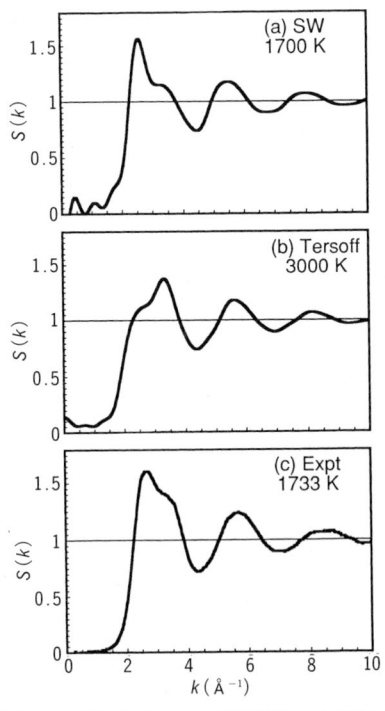

図1.6 融液シリコンの静的構造因子 $S(k)$
（a）SWポテンシャルを用いて1700 Kで加熱した場合の計算値，（b）Tersoffポテンシャルを用いて3000 Kで加熱した場合の計算値，（c）1733 Kで加熱した場合の実験値（文献5より転載）．

験値に比べて非常に高い。しかしながら，図1.4から得られる融解潜熱および比熱は実験値とよい一致を示す。また，動径分布関数（コラム参照，p.36）についても，図1.5に示すように実験との一致はよい[5]。図中には，Siの融点をほぼ正しく再現するように作られた経験的ポテンシャルであるStillinger-Weber（SW）ポテンシャル（付録参照）による計算結果も示してある。動径分布関数は，実験的には静的構造因子のフーリエ変換（コラム参照，p.36）により求められており，図1.6にX線散乱から得られた静的構造因子の実験値とSWおよびTersoffポテンシャルによる計算結果をあわせて示す。図よりTersoffポテンシャルによる結果は，第1ピークの肩が実験およびSWポテンシャルの結果と比べて左側に出ているが，この不一致はTersoffポテンシャルのカットオフ距離を調節することにより改良できる。

ところで，融液Siの構造は，Al融液に代表されるような液体金属とかなり異なることが知られている。その特徴は，ある原子のまわりの最近接原子の個数（ボンドの数）に反映される。この量を配位数とよぶが，実験的には動径分布関数からその平均値が求められ，融液Siは約6，液体金属は約12となる。これは，液体金属では原子間力が等方的で面心立方格子（face-centered cubic：fcc）的な構造となるのに対して，融液Siでは結晶Siにおける四面体的な結合性がまだ残っていることによるものと考えられている。分子動力学シミュレーションによれば，配位数の平均値だけでなく，その分布やさらにボンド間の結合角の分布を調べることができる。図1.7，1.8はそれぞれ，配位数分布と結合角分布を示す。両ポテンシャルの主な相違点は，Tersoffポテンシャルでは60°近傍に結合角のピークが存在し，これは後で議論するように，六方稠密格子（hexagonal close-packed：hcp）的な構造の存在を示唆するものである。配位数分布と結合角分布の実験データは存在しないが，小さなMDセルを用いて行われた第一原理計算の結果と比べると，Tersoffポテンシャルの方が一致はよい。

以下は余談であるが，1990～1995年にわたって実施された創造科学技術推進事業木村融液動態プロジェクト[6]で見い出された融液Siの異常な振る舞いについて触れておこう。その異常性とは，融点をこえて～1440℃あたりで密度の温度勾配が不連続な変化を示し，また電気抵抗が1500～1550℃で極小を示す

1.3 融液成長の分子動力学シミュレーション

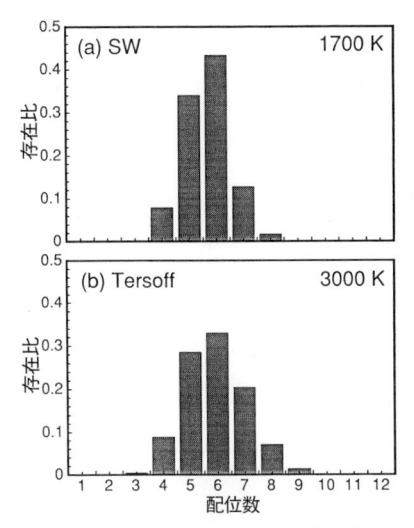

図1.7　融液シリコンの配位数分布
(a)SW ポテンシャルを用いて 1700 K で加熱した場合の計算値，
(b)Tersoff ポテンシャルを用いて 3000 K で加熱した場合の計算値
(文献 5 より転載)

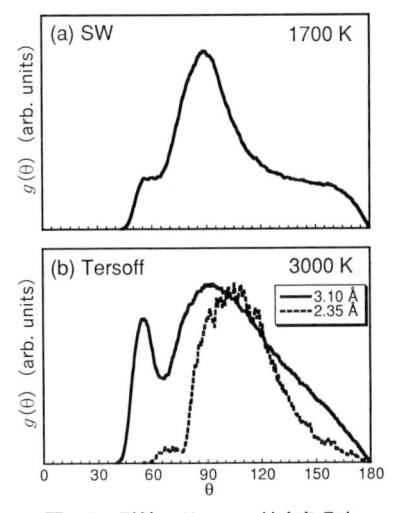

図1.8　融液シリコンの結合角分布
(a)SW ポテンシャルを用いて 1700 K で加熱した場合の計算値（ボンド長 3.12Å 以下の原子について求めたもの），(b)Tersoff ポテンシャルを用いて 3000 K で加熱した場合の計算値（ボンド長 3.10, 2.35Å 以下の原子について求めたもの）（文献 5 より転載）

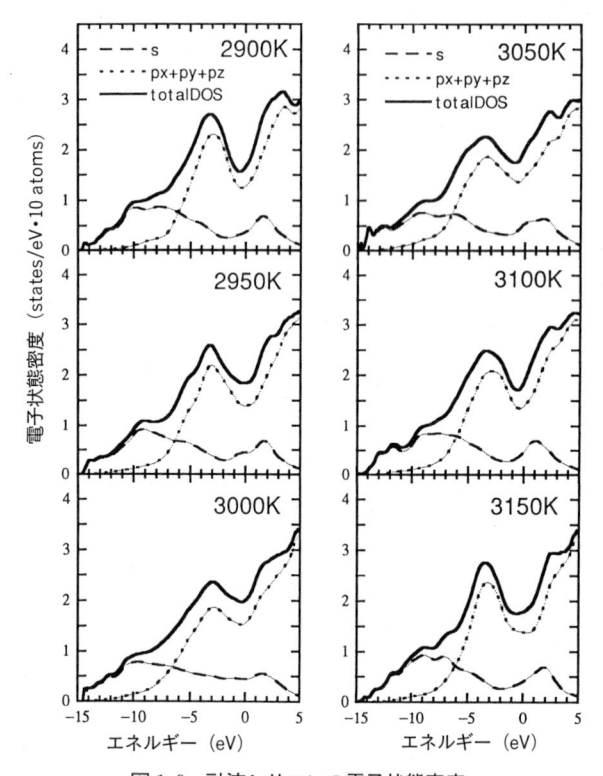

図 1.9 融液シリコンの電子状態密度

分子動力学シミュレーションで得られた Si 融液における原子配置をもとにして，リカージョン法により計算されたものである（文献 7 より）．

というものである．融液密度の計算は非常に困難なので，ここでは電気抵抗の変化に関する分子動力学シミュレーションによる解析結果を示す．図 1.9 は，2900〜3150 K で融解して得られた融液 Si の電子状態密度を示す．エネルギーの基準は，結晶 Si の価電子帯のトップが 0 eV となるようにとられている．いずれの温度においても融液は金属的で，フェルミ準位は大体 0 eV 付近にある．フェルミ準位近傍における状態密度のくぼみは，ベータ錫（β-Sn）構造の Si にみられる特徴で，3s と 3p の局所状態密度から，結合性および反結合性 sp^3 混成軌道の形成によるものと考えられる．しかしながら，3000 K ではこの特

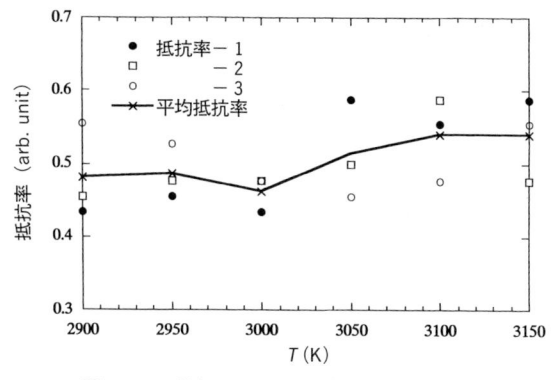

図1.10　融液シリコンの電気抵抗（計算値）

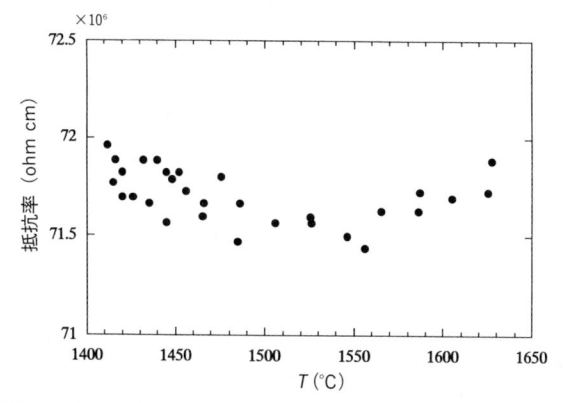

図1.11　融液シリコンの電気抵抗率（実験値）（文献6より転載）

徴は見られず，電子状態密度は単純六方格子（simple hexagonal：SH）構造のSiに似ており，フェルミ準位近傍のくぼみは浅い．この計算結果は，融液Siはβ-Sn的な構造とSH的構造が混ざり合っており，融点近傍のある温度でSH的構造が優勢になることを示唆している．図1.10は各温度について3つの融液Siのサンプルを作り，それぞれのフェルミ準位における状態密度の値から電気抵抗を算出したものである．それらの平均値は〜3000 Kで極小を示しており，図1.11に示した実験値と，温度の絶対値を除いて，よく対応している．しかしながら，電気抵抗の解析結果と密度異常の関連は不明で，実験精度の吟味も含めて，今後さらなる研究が必要である．

COLUMN　動径分布関数

　融液 Si 中では，Si 原子はランダムな配置をしている．動径分布関数 $g(r)$ は，図 C1[8)]に模式的に示すように，1個の原子を中心として半径 r の球殻に見い出される他の原子の平均数を表し，ランダムな原子配置を特徴づける量としてよく利用される．結晶では，動径分布関数は第1，2，3，…近接原子の距離に対応する鋭いピークから成るが，ランダムな系ではピークはブロードになり，特に長距離領域ではピーク構造はほとんど消失する．動径分布関数 $g(r)$ は，分子動力学シミュレーションによれば容易に計算できるが，実験的に直接観測される量ではない．その代わり，$g(r)$ は X 線や電子線の散乱強度 $S(K)$ 〔K は散乱ベクトルの大きさで $S(K)$ のことを静的構造因子とも言う〕と以下の公式により結ばれていることが証明されている．

$$g(r) - 1 = \frac{1}{2\pi^2 n_0 r} \int_0^\infty [S(K) - 1] K \sin(Kr) \, dK$$

ここで，n_0 は原子数密度を表す．

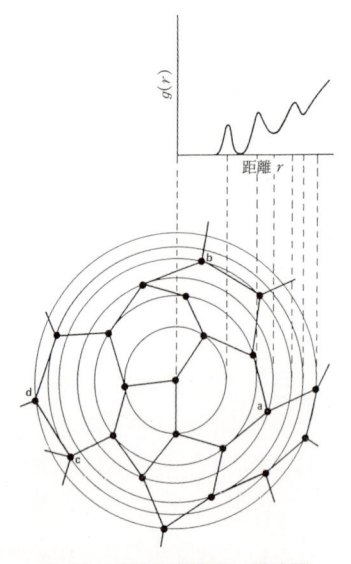

図 C1　動径分布関数の模式図

　原子 a，b，c，d は，それぞれ第 3，4，5，6 ピークに対応するが，トポロジカルには，それぞれ第 3，4，3，4，近接であることに注意せよ．

1.3.3 融液/固相界面構造

融液成長は融液 Si と固相 Si の界面（固液界面）で起こる。固液界面を分子動力学シミュレーションで作るためには，図 1.3 に示したような Z 軸方向に長い直方体セルを用いて，温度勾配を与えて定常状態を作ればよい。図 1.12 は，$21 \times 21 \times 42 \text{Å}^3$（1024 原子）の MD セルを 3 種類の温度勾配の熱浴に浸して，融液/固相(001)界面を作り，定常状態において 10 ps 間の原子位置を($1\bar{1}0$)面に投影したものである。いずれの温度勾配に対しても，固液界面は〜2300 K の温度領域にあり，(111)ファセットを含むラフな形状を示す。前節で得られた融点（〜2700 K）に較べてかなり低い温度のところに固液界面が現れる理由は，この場合，系が非一様で融液に接する固体部分はバルクの融点より低い温度で融解し得ることによるものと考えられる。図 1.13 は，同一条件におけ

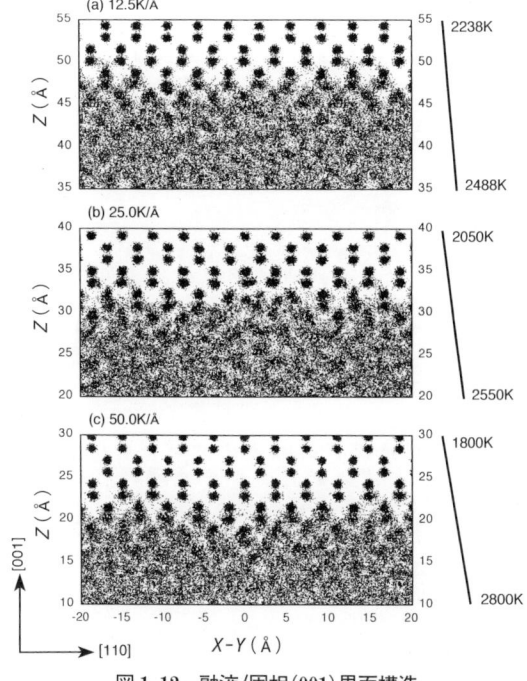

図 1.12　融液/固相(001)界面構造
温度勾配（a）12.5 K/Å，（b）25.0 K/Å，（c）50.0 K/Å

る融液/固相(111)界面の構造を示す．固液界面は，(001)界面の場合と同様に～2300 K の温度領域にあるが，(111)界面形状は(001)のそれと異なり，原子的に平坦である．また，両界面ともに，温度勾配による質的な差異はみられない．これらの計算結果から，Si の固液界面のミクロな構造に対して，以下のような物理的描像が得られる．固相側界面原子は固相側の3個の原子と結合し，1本のダングリングボンドを融液側に出し，融液側の原子は{111}ファセット面上を比較的自由に動き回ることにより安定化する．すなわち，固液界面は固相側でポテンシャルエネルギーを下げ，融液側でエントロピーを稼ぐことにより安定化しているものと考えられる．

分子動力学シミュレーションで常に問題となるのは MD セルのサイズであり，シミュレーション結果のセルサイズ依存性を見ておくことが望ましい．図1.14 は約 5,000 原子からなる完全結晶 Si（密度：2.33 g/cm³）を温度勾配

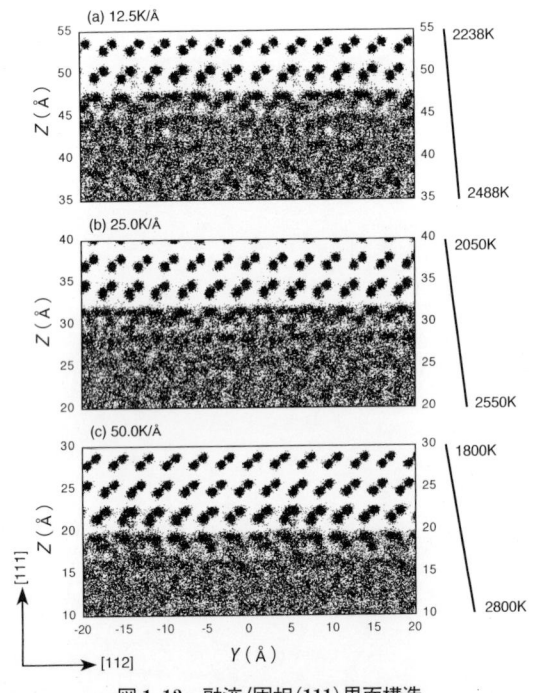

図 1.13 融液/固相(111)界面構造
温度勾配(a)12.5 K/Å，(b)25.0 K/Å，(c)50.0 K/Å

図1.14 固液界面の温度勾配依存性

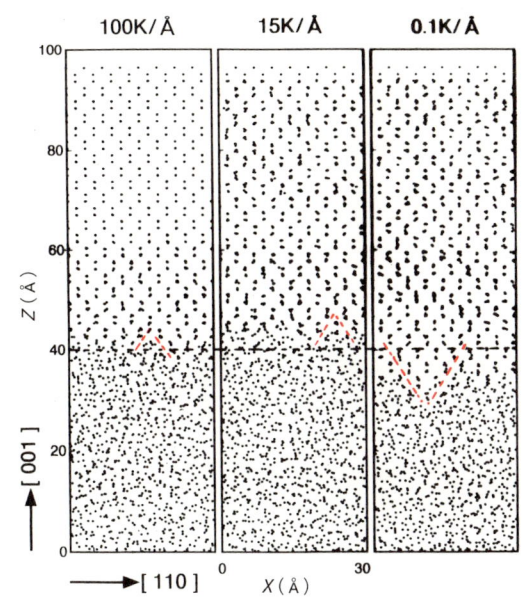

サイズの大きなMDセルを用いることにより，固液界面形状の温度勾配依存性が見られるようになる。固液界面はいずれもz座標〜40Åの位置に出来るが，温度勾配が小さくなるほど，大きな{111}ファセットが形成される。

100, 15, 0.1 K/Åに600 ps間保持して加熱することにより得られた固液界面の形状を示す。図は定常状態に到達した後のある時刻におけるSi原子の位置を，($1\bar{1}0$)面に投影して得られたものである。いずれの温度勾配においても，点線で示した固液界面には{111}ファセットが見られるが，温度勾配が小さいほど，{111}ファセットのサイズが大きくなる傾向がある。このような傾向は，Siの固-液相転移が1次相転移であるため，温度勾配が小さいほど，固液界面における固体と融液の共存領域が増えることによるものと考えられる。さらに興味深いことは，図1.15に示すように，温度勾配が小さくなると固液界面の固相側のZ軸方向の歪みが顕著になることである。この歪みは正で，固相側の密度の減少を意味しており，融液密度が固相のそれから約10％増大することによるものである。しかしながら，図1.12に示した1,000原子程度での分子動力学シミュレーションではこのような効果は見られない。すなわち，小さなサイズの分子動力学シミュレーションでは結晶Siの密度の融液が得られるのみである。図1.14のMDセルは図1.12のセルに比べてZ軸方向に2倍の

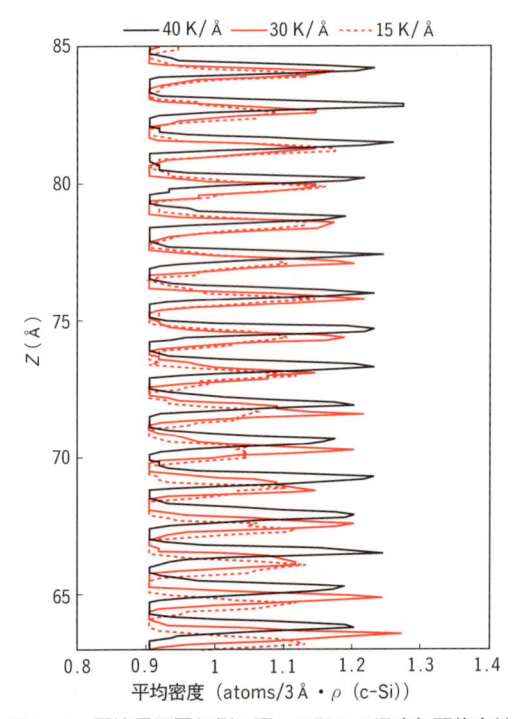

図1.15 固液界面固相側に現れる歪みの温度勾配依存性

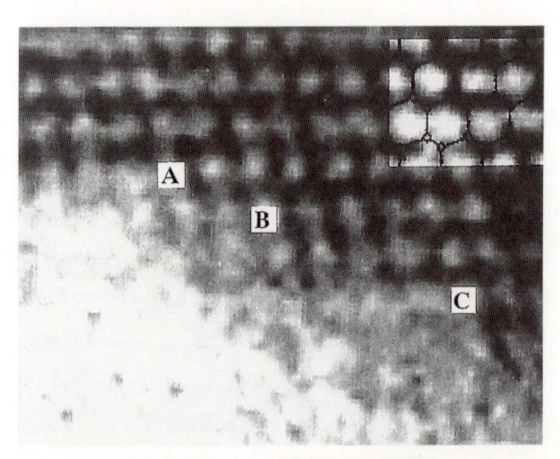

図1.16 高分解能電子顕微鏡による固液界面の観察例（文献9より転載）

1.3 融液成長の分子動力学シミュレーション

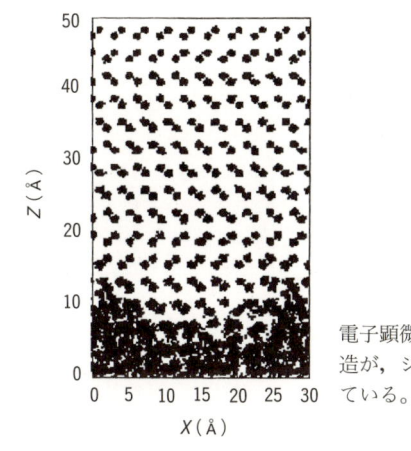

電子顕微鏡像で見られるステップ構造が，シミュレーションで再現されている．

図 1.17 分子動力学シミュレーションにより得られた固液界面の例

長さを持つことから，周期条件の利かない Z 軸方向のサイズがシミュレーションにおいて本質的に重要であることがわかる．

それではセルサイズをどれだけ大きくとれば安心か？シミュレーションの結果がサイズによらないことが確認できれば通常それでよしとするが，最終的には実験と比較する必要がある．最近大嶋ら[9]は，高温試料ホルダー付き電子顕微鏡のヒータ部に Si の細粒をふりかけ，試料を 1000 K 以上で加熱しながら高分解能像をビデオにとることにより固液界面の動的観察に成功した．図 1.16 は大嶋らにより得られた固液界面原子像の一例である．比較のために，シミュレーションにより得られた固液界面の一例を図 1.17 に示す．これら両者がよく一致していることは，分子動力学シミュレーションにより得られる現象が時間的（〜1 ns）・空間的（〜100 Å）に極めて限られた領域，言わば "狭い観測窓" を通して見たものであるにもかかわらず，結晶成長メカニズムの解析に有用であることを示している．

1.3.4 結晶成長および欠陥生成過程

融液からの結晶成長は，上で得られた定常状態にある固液界面を冷却することにより起こる．図 1.18 は温度勾配を 15 K/Å に固定して，10 m/s の速度で MD セルを [001] および [111] 方向に引き上げたときの結晶成長過程を示す．引

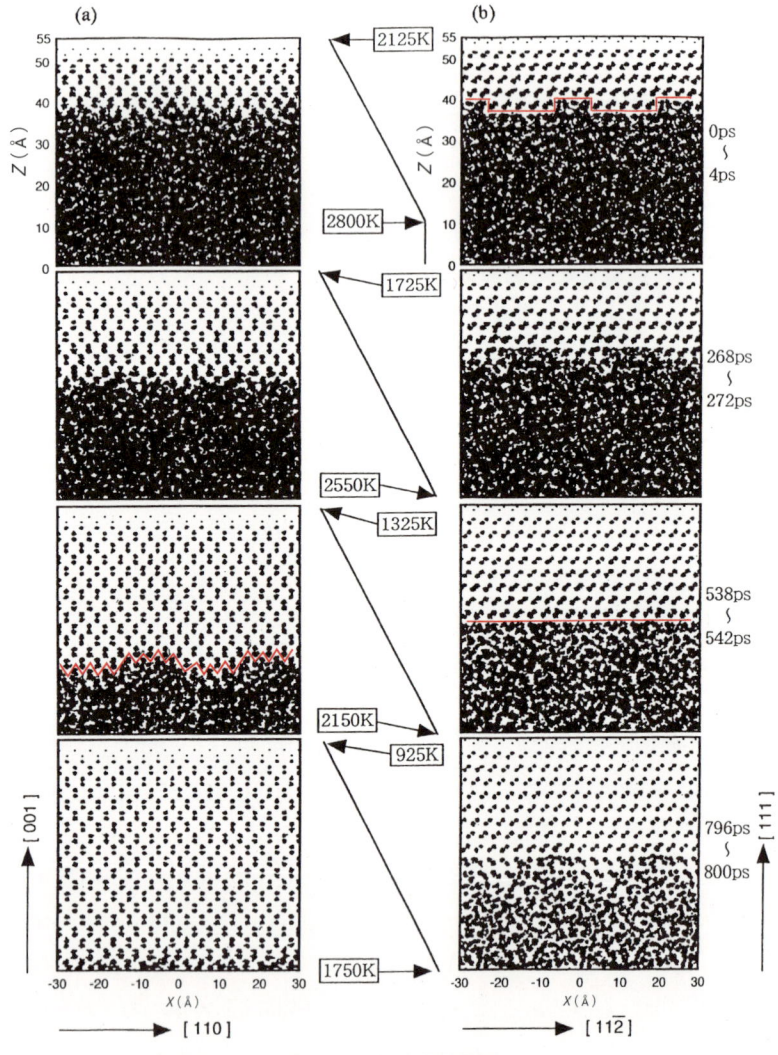

図 1.18 結晶成長過程
（a）[001]引き上げ，（b）[111]引き上げ

き上げ開始状態は，完全結晶状態を図に示す温度勾配で 200 ps 間保持して加熱した後に得られたもので，両方向とも固液界面は温度が〜2300 K の位置に見られる．なお，図は 4 ps 間すなわち 2000 ステップ分の Si 原子の位置を，

(1$\bar{1}$0)面に投影して得られたものである。いずれの場合においても，前節で示したように固液界面は(111)面となる傾向が見られる。すなわち，[001]引き上げでは，界面はファセット状に，[111]引き上げでは，界面は平坦となる傾向がある（この傾向は538～542 ps において最も顕著に現れているので，参考のために(111)面を図示しておく）。

以上のことから，[001]引き上げでは融液側の原子が{111}ファセットに伴うキンク位置に取り込まれることにより結晶成長が進行し，[111]引き上げでは，0～4 ps における投影図に見られるようにダブルレイヤーの2次元核がまず形成

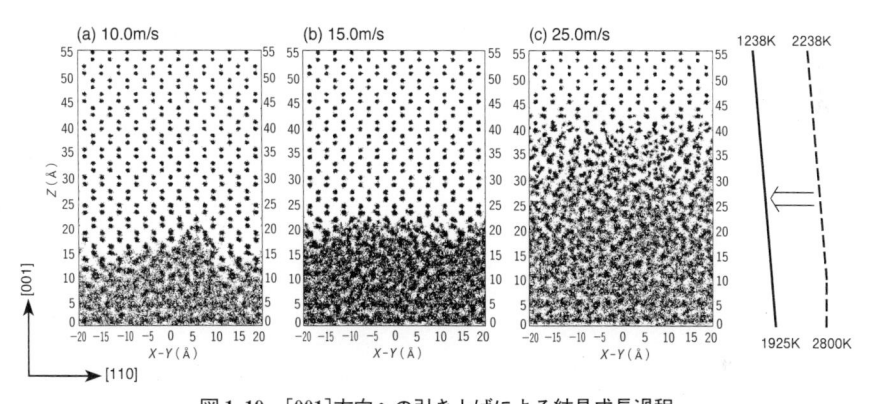

図 1.19 [001]方向への引き上げによる結晶成長過程
引き上げ速度（a）10.0 m/s，（b）15.0 m/s，（c）25.0 m/s（温度勾配 12.5 K/Å）

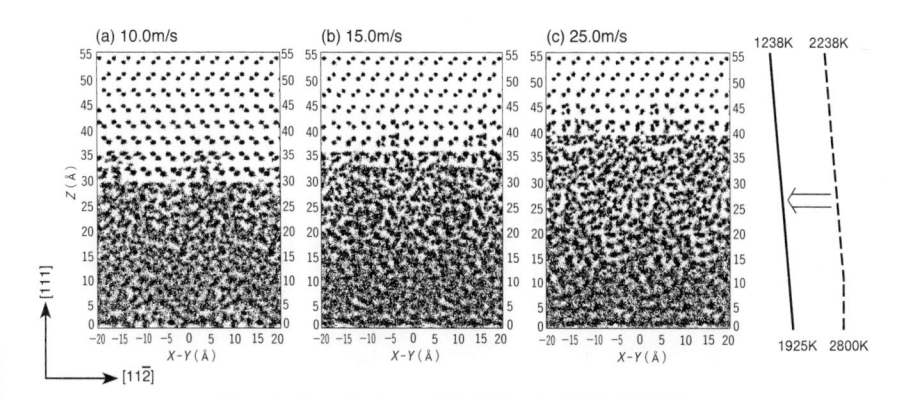

図 1.20 [111]方向への引き上げによる結晶成長過程
引き上げ速度（a）10.0 m/s，（b）15.0 m/s，（c）25.0 m/s（温度勾配 12.5 K/Å）

され，それが横方向に伸びて成長が進む．すなわち，[111]方向の結晶成長はダブルステップすなわち2原子層を単位とする layer-by-layer 成長となる．この様子は，538～542 ps における投影図に明らかに見られる．したがって，[111]方向引き上げによる結晶化の進行は，2次元核形成が前駆過程として必要となるので，[001]方向にくらべて遅くなる．実際，図1.18に見られるように，[111]引き上げでは MD セルの中程ですでにガラス状態に固化していることが分かる．図1.19, 1.20 はそれぞれ[001]，[111]方向引き上げによる結晶

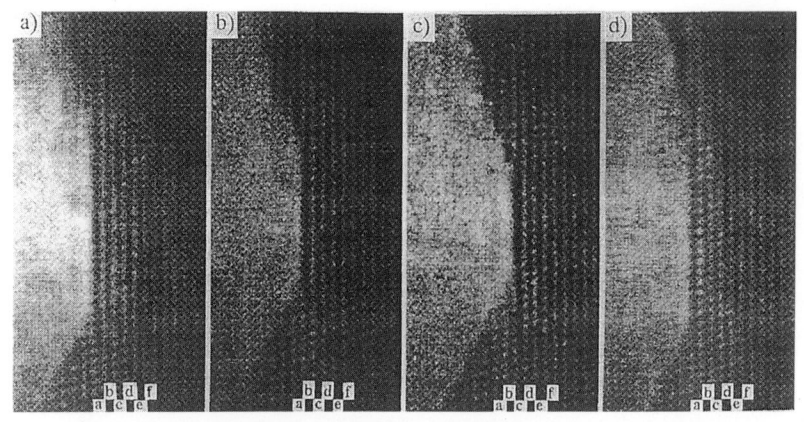

図1.21 高分解能透過電子顕微鏡による結晶成長ダイナミクスの観察例
(文献9より転載)

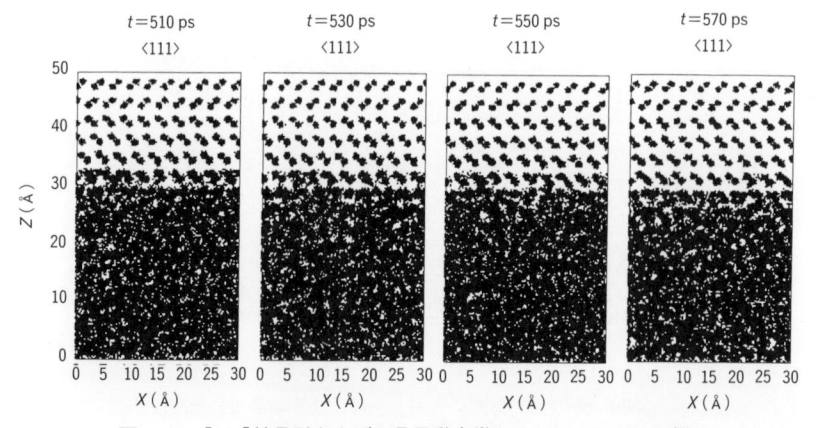

図1.22 [111]結晶引き上げの分子動力学シミュレーションの例

化過程の引き上げ速度依存性を示したもので，急激な冷却により結晶化が起こる前に固化してしまう様子が見られる。

シミュレーションで得られた[111]方向の結晶成長の様子は，図1.21に示すように高分解能電子顕微鏡による観察結果[9]にも見られている。図1.22は，比較のためにダブルステップ layer-by-layer 成長の分子動力学シミュレーションの結果を抜き出したものである。固液界面の観察結果と合わせて，電子顕微鏡像とシミュレーションの結果がよく似ていることが分かったが，実験で観察された原子像が試料の厚さ方向に含まれた多く（100層程度）の原子の位置を1/30秒間にわたって平均したものであることに注意する必要がある。一方，シミュレーションでは10 ps程度の時間にわたって，厚さ方向に約4原子層の原子位置を(110)面に投影したものを見ているにすぎない。

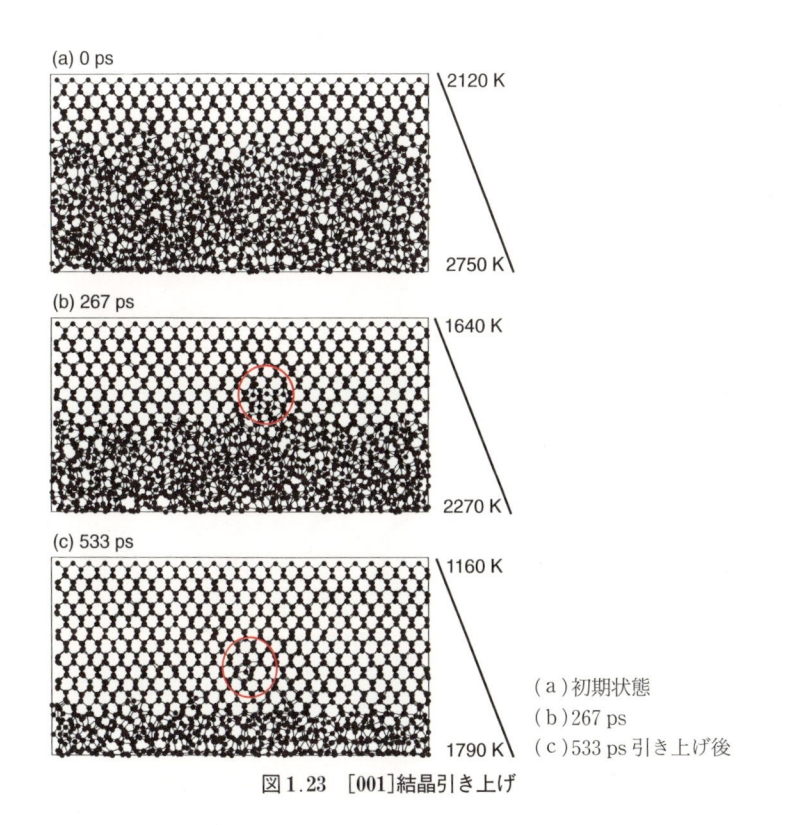

図1.23　[001]結晶引き上げ

(a) 初期状態
(b) 267 ps
(c) 533 ps 引き上げ後

ところで，"狭い観測窓"の問題は欠陥生成過程の解析を著しく困難にする。例えば，結晶 Si 中の原子空孔の生成エネルギーとして得られている 64 原子のセルによる典型的な第一原理計算の値約 4 eV[10]を用いると，Si の融点（1683 K）近傍で結晶 Si 中に原子空孔が生成される確率は $\exp(-4\,\mathrm{eV}/1683\,\mathrm{K}) \simeq 10^{-12}$ となり，たとえ百万個の原子でシミュレーションを実行しても原子空孔の生成を見るチャンスは極めて少ないことになる（第一原理計算では，エントロピーの効果は考慮されていないが，Ungar ら[11]は 216 個の原子を用いて Tersoff ポテンシャルによりエントロピーを考慮に入れた計算を実行しており，2000 K における空孔の生成確率として約 10^{-7} を得ている）。

以下では，我々のシミュレーションで得られた欠陥生成過程の例について述べる[12]。図 1.23 はサイズが $62.0 \times 62.0 \times 42.0\,\mathrm{Å}^3$ の MD セルを温度勾配 15 K/Å，12 m/s の速度で引き上げたときの結晶成長過程を示す。初期状態（a）は，密度を融液 Si の値，2.58 g/cm³ に設定した完全結晶を図に示す温度勾配で 600 ps 間加熱することにより得られたもので，固液界面は〜2300 K の位置に見られる。上で述べたように，固液界面は{111}ファセットを作って安定化する傾向があり，267 ps 引き上げ後における状態（b）の丸で囲んだ部分に示すように，成長した{111}界面における結晶化が結晶成長の律速過程となる。この例では，冷却速度が大きいために，完全な結晶化に至らず，533 ps 引き上げ

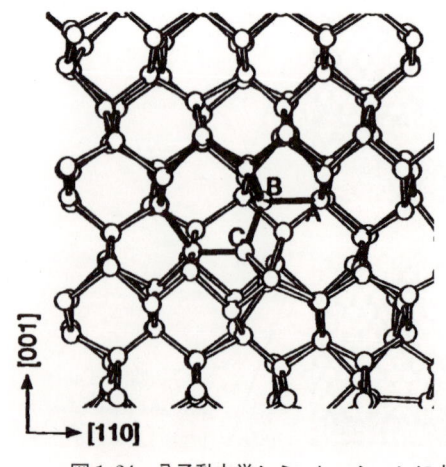

欠陥はボンド A-B を含む 5 員環とボンド B-C を含む 7 員環からなっている。

図 1.24　分子動力学シミュレーションにより得られた欠陥構造

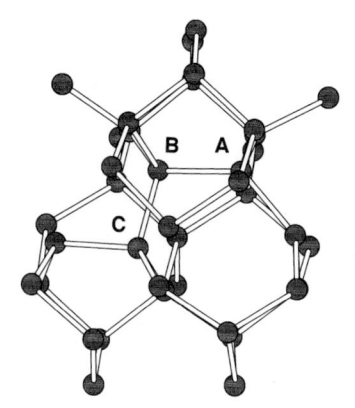

divacancyとdi-interstitialを組み合わせることにより,図1.24と同じ構造が得られる。

図1.25 D-D pair モデル

後の状態(c)に見られるように,{111}界面における不整部分が凍結されて欠陥が形成されている。この欠陥部分(図中丸で囲んだ部分)の拡大図を図1.24に示す。得られた欠陥は原子空孔に代表されるような点欠陥ではない。むしろ,ボンドのつなぎ替えで得られる5員環,7員環などの奇数員環を含む構造となっている。この構造は図1.25に示す複空孔(divacancy)と複格子間原子(di-interstitial)を複合化して得られるD-D pair[13]の構造と似ている。さらに大きなMDセルを使うことにより原子空孔や格子間原子の生成過程も見られるようになって来ているが,詳細は専門の論文に公表の予定である。

おわりに

　分子動力学シミュレーションによる可視化から得られた,融液からの結晶成長の原子過程は,最近の高分解能透過電子顕微鏡"その場"観察の結果とよく似ていることを示した。これらの結果は,分子動力学シミュレーションが時間的・空間的に極めて微小な領域に限られたものであるにもかかわらず,結晶成長メカニズムの解析には十分有用であることを示唆している。特に,シミュレーションで得られた融液からの結晶成長中に形成されるD-D pair欠陥は,固液界面における結晶成長様式の乱れに起因するもので,inhomogeneousな欠陥生成過程であることを強調しておきたい。従来,結晶Si中の欠陥として原子空孔などの生成エネルギーの計算がなされてきたが,これらは

homogeneous な欠陥生成を仮定している．融液成長中の grown-in 欠陥生成過程の解析には固液界面の存在による inhomogeneous な欠陥生成過程の研究が今後重要になるもの思われる．

　以上のように，結晶成長や欠陥生成の要素的（ミクロ）過程は，分子動力学シミュレーションにより有用な解析が可能である．これに対して，実際の結晶引き上げで制御されている重要なパラメータは，マクロなスケールでの引き上げ速度（～1 mm/min）や固液界面における温度勾配（～10 K/mm）である．一方，分子動力学シミュレーションにおけるこれらの量の典型的な値は，それぞれ，10 m/s，15 K/Å で約 7 桁の違いがある．このスケールの違いを乗り越えて，ミクロとマクロの連関を明らかにすることが，今後に残された大きな課題である．

付　録
Tersoff potential と Stillinger-Weber potential

　Tersoff ポテンシャル[14]は演習問題でも用いたモース型のポテンシャルを基本にして作られている．

$$V(r_1, \ r_2, \ \cdots, \ r_N) = \sum V_{ij}$$
$$V_{ij} = A_{ij} \exp(-\lambda_{ij} r_{ij}) - B_{ij} \exp(-\mu_{ij} r_{ij})$$

見掛けはカットオフ距離内にある 2 個の i，j-原子間のボンド長 r_{ij} のみによる 2 体ポテンシャルであるが，係数 A_{ij}，λ_{ij}，B_{ij}，μ_{ij} を各原子のまわりの局所構造が反映されるように定義しており，実質的には多体ポテンシャルである（物理的には，ボンド数が増える程，ボンド当たりの結合エネルギーが減少するように仕組んである）．これらの係数は 10 個の調節パラメータを含んでおり，それらの値とカットオフ距離は第一原理計算で得られる多くのエネルギー値を再現するように決められている．

　一方，Stillinger-Weber ポテンシャル[15]はボンド長のみに依存する 2 体相互作用にボンド間の角度（結合角）に依存する 3 体相互作用の項を組み合わせた形に作られている．

$$V(r_1, \ r_2, \ \cdots, \ r_N) = \sum \phi_2 + \sum \phi_3(r_{ij}, \ r_{ik}, \ \cos \theta_{ijk})$$

ここに，θ_{ijk} は長さが r_{ij}，r_{jk} の 2 つのボンドのなす角を表す．このポテンシャルは 6 個の調節パラメータを含んでおり，それらの値は結晶 Si と融液 Si の性質を再現す

るように決められている。

文 献

1) 阿部孝夫：シリコン―結晶成長とウエーハ加工，培風館（1994）
2) 奥井正彦・田中忠実・神田忠・小野敏昭：低速育成シリコン結晶の成長時導入欠陥の形成機構，応用物理，**66**，707-710（1997）
3) 上田顕：コンピュータシミュレーション―マクロな系の中の原子運動―，朝倉書店（1990）
4) Ishimaru, M., Yoshida, K., Kumamoto, T., Motooka, T.：Molecular-dynamics study on atomistic structures of liquid silicon. *Phys. Rev. B.*, **54**, 4638-4649 (1996)
5) Ishimaru, M., Yoshida, K., Motooka, T.：Application of empirical potentials to liquid Si. *Phys. Rev. B*, **53**, 7176-7181 (1996)
6) 木村融液動態プロジェクトシンポジウム報告資料，新技術事業団（1995）
7) Motooka, T.："Atomistic simulations of amorphization processes in ion implanted Si：Roles of defects during amorphization, relaxation, and crystallization" *Thin Solid Films*, 272, 235-243 (1996).
8) Wooten, F. and Weaire, D.：Modeling Tetrahedrally Bonded Random Networks by Computer. Solid State Physics **40** (Academic Press, New York, 1987)
9) 大嶋隆一朗・掘史説・上野武夫・矢口紀恵：シリコンの融解―凝固過程の電子顕微鏡その場観察，日本結晶成長学会誌，**25**，201-206（199））
10) 例えば Pino, Jr. A. D., Rappe, A. M., Joannopoulos, J. D.：Ab initio investigation of carbon-related defects in silicon. *Phys. Rev. B.*, **47**, 12554-12557 (1993)
11) Ungar, P. J., Halicioglu, T., Tiller, W. A.：Free energies, structures, and diffusion of point defects in Si using an empirical potential. *Phys. Rev. B.*, **50**, 7344-7357 (1994)
12) Ishimaru, M., Munetoh, S., Motooka, T., Moriguchi, K., Shintani, A.：Molecular-dynamics studies on defect formation processes during crystal growth of silicon from melt. *Phys. Rev. B.*, **58**, 12853-12856 (1996)
13) Motooka, T.：Model for amorphization processes in ion-implanted Si. *Phys. Rev. B.*, **49**, 16367-16371 (1994)
14) Tersoff, J.：Empirical interatomic potential with improved elastic properties. *Phys. Rev. B.*, **38**, 9902 (1988)
15) Stillinger, F. H. and Weber, T. A.：Computer simulation of local order in condensed phases of silicon. *Phys. Rev. B.*, **31**, 5262 (1985)

coffee break ⑬　分子は1つの粒子？

　1章を読んで分子動力学法は，原子の運動を扱うのに有用であることを理解していただけたと思います。でも原子の運動なのに，どうして原子動力学と呼ばず分子動力学と呼ぶのかという疑問をもちませんでしたか。ここら辺りの歴史的経緯は，不勉強のため良く分からないのですが，どうも原子動力学と銘打てなかった事情があるようなのです。

　分子動力学法は，金属，半導体のみならず水溶液，分子性結晶などにも多く適用されています。適用例としてはむしろ後者の方が主で，金属，半導体といった固体は従と言っても良いかもしれません。1章では原子間ポテンシャルが示されましたが，分子の場合には分子間ポテンシャルを考えなくてはなりません。一般に原子間力や分子間力は，周囲の原子配置に依存する多体力となります（1章付録参照）。実際，金属や半導体の原子間力は多体力を必要とするために，複雑な形となることは付録の式を見ても明らかでしょう。一方，その他の多くの物質（希ガス原子結晶，希ガス液体，水，水溶液，分子性結晶，分子性液体など）では，2体力で十分であることが知られています。2体力というのは，隣接する原子あるいは分子との2原子間の相互作用だけを考えるものです。この場合には，相互作用ポテンシャルは原子あるいは分子間距離 r_{ij} のみの関数となりますから取り扱いは簡単になります。

　いきなり難解なものを扱うよりも簡単なものを使って，いろいろやってみたくなるのは人の常です。というわけで2体力を使った多くの研究が行われました。もちろん分子間ポテンシャルを使った研究も含まれています。ただ，ここで注意していただきたいのは，分子を対象とした分子動力学計算は，あくまでも分子を1つの粒子として分子間の相互作用を扱っているという点です。すなわち分子を構成する原子については，それらの間の相互作用を考えていません〔分子内の相互作用については，分子力学（Molecular Mechanics：MM）法による計算があり，特に有機化学の分野で発展をしてきています〕。「分子を1つの粒子と見なす」，原子動力学ではなく分子動力学と呼ばれた所以はこの辺りにありそうですね。

2 CVD 成長の量子化学

融液成長により作製されたバルク単結晶をスライスして単結晶基板が得られる。この基板上に，さまざまな薄膜成長法により単結晶薄膜が形成されていく。本章では，半導体単結晶薄膜成長法の一つである化学気相成長法（CVD）に注目して，分子軌道法による量子化学計算からのアプローチを紹介する。具体的には，半導体表面での水素と有機原料の反応を中心に，CVD 成長の素過程に迫る。

はじめに

　発光ダイオードやレーザダイオードなど，半導体を利用した発光素子は我々の身近なあらゆるところで利用されている。これらの素子は高品質の半導体単結晶薄膜が量産できるようになって初めて実現したものであり，その高品質薄膜の代表的な成長方法が，Chemical Vapor Deposition（CVD）成長と呼ばれる，原子レベルで制御可能な成長技術である。CVD 成長技術はデバイスを支える重要な技術であるにもかかわらず，そのメカニズムは必ずしも解明されているわけではない。CVD 成長では原料分子の分解反応，反応生成物と表面との反応など，さまざまな化学反応を利用する。したがって，これらの化学反応素過程を理解することが，よりよく制御された良質の薄膜を得るための近道である。

　量子化学は，化学反応素過程を電子論に基づいて第一原理的に理解し，反応中の原子，分子の動きを，あたかも目で見るように精度よく予測できる計算手法である。この章では，最新の計算科学である量子化学計算の概要を述べたのち，CVD 成長の理解に"量子化学がどのように利用できるか"を述べる。

実際の成長技術開発現場では，日々，さまざまな問題が生じている。量子化学計算を上手に利用することにより，解決のヒントを得た例も多い。特に，近年，水素がCVD成長の膜質を制御する重要な役割を担っていることが明らかになりつつあるが，この解析には，量子化学計算が大いに活躍している。

2.1 CVD成長とは[1,2)]

CVD法を利用した代表的な例が，化合物半導体砒化ガリウム（GaAs）のエピタキシャル成長である。模式図を図2.1に示す。

原料は，トリメチルガリウム（$Ga(CH_3)_3$；TMG）とアルシン（AsH_3）である。これらをキャリアガスと呼ばれる搬送用水素ガスに希釈して成長室に送り込む。成長室にはGaAs単結晶基板がセットされている。基板の温度を上げると，原料分子が分解し，基板上に基板の原子配列を保ちながらGaAs単結晶薄膜が成長する。原料に含まれる余分な元素，CやHは，CH_4として排気される。

薄膜成長過程は，全体として次の化学反応式で表される。

$$Ga(CH_3)_3 + AsH_3 \longrightarrow GaAs + 3\,CH_4 \qquad (2.1)$$

このように，化学反応を利用して基板上に結晶を堆積させる成長方法をCVD成長と呼ぶ（キーワード参照）。GaAsのCVD成長中に，シラン（SiH_4）を少量供給すると，Siドープn型GaAsが成長できる。また，トリメチルアルミニウム（$Al(CH_3)_3$）を同時に供給すると，III族位置にGaとAlがランダムに配置した$Ga_{1-x}Al_xAs$が成長できる。このように，原料としてさまざまな化学物質を供給することにより，複雑な構造の積層膜を形成できるのがCVD成

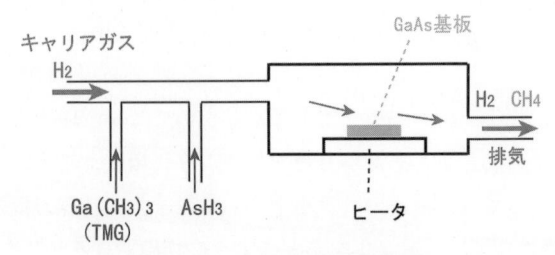

図2.1　GaAsのMOCVD模式図

長の特長である。

ところで化学反応を励起するためにはエネルギーを供給する必要がある。通常はこの例のように，基板を加熱することによりそのエネルギーを供給する（キーワード参照）。キャリアガスである水素分子が基板表面や原料分子と衝突を繰り返すことにより，基板の熱エネルギーが原料分子に伝達される。

CVD成長では，膜成長速度が基板温度に依存し，一般に次のように変化する。グラフの横軸は基板温度（単位は絶対温度）の逆数$1/T$，縦軸は成長速

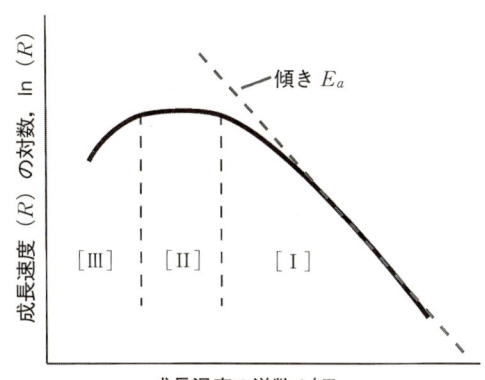

図2.2 基板温度と薄膜成長速度の関係

KEYWORD .... **CVD**

この例のように，成長膜の構成元素の少なくとも1種類について，有機金属化合物を原料に用いた場合（この例ではトリメチルガリウム）を，特に区別してMOCVD (Metalorganic Chemical Vapor Deposition) と呼ぶ。GaAsやInP，ZnSeなどの化合物半導体成長で，II族あるいはIII族原料として有機金属を利用する場合が多い。最新の成長手法では，V族原料にもターシャルブチルホスフィン〔$PH_2(C(CH_3)_3)$；TBP〕などの有機化合物を用いる場合がある。なお，これら新有機V族原料の熱分解過程も量子化学計算から明らかにされている[3,4]。

化学反応を励起するためのエネルギーは，熱で供給する以外に，光やプラズマを用いる方法もある。それぞれ光CVD，プラズマCVDと呼ばれている。これらに関しては，参考文献1，2を参照されたい。なお，これらと区別するために，通常のCVDを熱CVDと呼ぶことがある。

度 R の対数である．

　このグラフから明らかなように，成長は3つの温度領域に分けられる．

　[I] で示す低温側の領域では，基板温度上昇とともに成長速度が増加し，$1/T$ 対 $\ln(R)$ が，傾き E_a の直線になっている．すなわち

$$R = A \cdot \exp(-E_a/k_B T)$$

のアレニウスの式で表される．この関係から，活性化エネルギー E_a の化学反応が成長速度を支配（律速）していると予想され，反応律速領域と呼ばれる．

　[II] の領域では，成長速度が基板温度にほとんど依存しない．ただし，原料ガスの流量を増やすなどの方法で基板への原料供給速度を上げると，膜成長速度が増加する．したがって，結晶成長に関係する全ての反応の速度は原料の供給速度よりも早く，原料の供給速度が膜成長を律速していると考えられる．この領域は供給律速領域と呼ばれる．

　[III] の領域では，温度上昇とともに，成長速度が低下する．気相中での微結晶形成と原料の枯渇，あるいは表面に吸着した原料の再脱離などが原因と推測されている．

　実際の成長では，制御性や再現性のよい [II] の領域を利用することが多いが，低温での成長が必要な場合は [I] の領域を利用する．CVD 成長では，原料分子の種類，原料の供給速度，基板温度などの条件を変えることにより，得られる成長膜の"膜質"も変化する．成長条件を変えることにより，原料の熱分解過程が変わったり，膜成長の律速反応が変化するため，全体としての化学反応式は(2.1)であっても，主要な成長素過程が変化するからである．

　成長機構理解のためには，主要な反応素過程を理解することが必要であり，問題解決のためには，その問題を制御するような反応素過程を予測することが重要である．さらに，計算から情報を得るためには，解決すべき問題に適した問題（計算すべき素過程）設定が必要である．

　CVD 成長過程は次の3つの段階に分けて考えると便利である[5]．

（A）気相反応

　原料分子が基板に到達するまでに経る，熱分解過程や原料分子間の反応．どのような形の（活性）分子が基板表面に到達するかを予測すること．例えば，GaAs の CVD では，原料の $Ga(CH_3)_3$ が分解して，$Ga(CH_3)_2$ の形で表面に

到達するか，Ga(CH$_3$)あるいは Ga が到達しているかなどである。
（B）　表面（吸着）反応
表面に到達した原料分子や活性分子が表面に化学吸着する過程
（C）　化学吸着分子の表面移動と結晶への取り込み
吸着分子が表面を移動（マイグレート）し，表面のしかるべき位置に収まって単結晶を形成する過程。

　CVD 中に生じるさまざまな素過程は，常にこの 3 つのどれかに分類されるとは限らない。原料分子が表面を移動する過程で分解したり，他の分子と反応して活性分子に変化することもありうる（図 2.3）。気相中よりは，表面に吸着した状態の方が，基板から熱を受け取りやすいし，他の分子との衝突確率も高いので，原料分子の熱分解は表面に吸着した状態で生じる場合が多いかもしれない。ここでは，物理的に原料分子が基板から離れているか，基板上にあるかにかかわらず，量子化学計算の立場から CVD 成長過程を上記(A)—(C)に分類する。すなわち，物理吸着は弱い吸着であり，物理吸着した分子の電子状態は，気相中の電子状態から大きく変化しないと考えれば，物理吸着状態での熱分解や原料分子間の反応計算には，とりあえず表面を考えないで，気相中のそれと同じに扱えるであろう。他方，化学吸着反応や化学吸着した原料分子の表面移動は，それぞれ，分子が表面と化学結合を作る化学反応過程，原料からきた原子が表面との化学結合を組替えながら移動する化学反応過程である。し

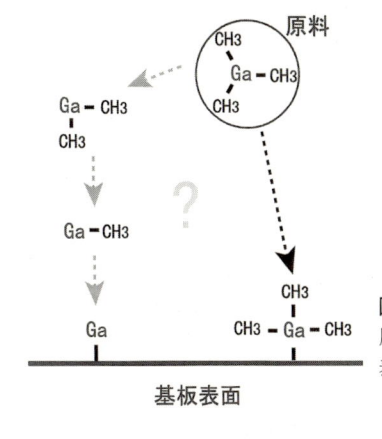

図 2.3　CVD 中の反応素過程
原料分子 Ga(CH$_3$)$_3$ 中の Ga 原子が表面に結合するまでの経路は何種類も考えられる。

たがって，表面を考慮することが必要であり，(B)または(C)に分類することにする．

量子化学計算は，もともと分子を対象に発展してきた理論なので，(A)気相反応の解析を得意とする．近年，計算機の計算能力向上や，近似理論，高速アルゴリズムの進歩に伴い，より多数の原子を含む大型分子の計算が可能になってきた．そこで，結晶表面を数10個の原子の集合体「クラスター」の表面で近似することにより，(B)表面反応の解析も可能になりつつある．(C)に関しては，より大型のクラスターを用いることにより原理的に計算可能であるが，計算が大規模になりすぎるため，次の章で扱う計算物理手法が適していると言える．しかし，問題によっては量子化学計算でも取り組み可能である．

本章の構成は以下の通りである．まず，2.2節では，結晶成長素過程の解析に広く利用されている代表的な量子化学計算手法，$ab\ initio$[*1]分子軌道計算の概要を述べる．量子化学は非常に広い学問分野であり，現在も急速に進歩している．量子化学の全体像や最新分野に関しては優れた専門書や入門書が数多く出版されているので，そちらを参考にしていただきたい[6,7]．

ところで，GaAsのCVD成長は全体としての反応は式(2.1)であると述べた．この反応式でこれまで注目されてきたのは，結晶の構成要素となるGa原子とAs原子，さらに，不純物として成長膜に取り込まれることによりデバイス性能を劣化させる炭素であった．ところが，最近，水素，すなわち原料に含まれる水素はもちろん，この式には現れてこないキャリアガスとしての水素分子が，原料の熱分解過程や表面の反応性制御に重要な役割を果たし，成長膜の膜質を支配する重要因子であることが明らかになってきた．この問題の解析には，量子化学計算がおおいに活躍している．そこで，2.3節では水素が関係する気相反応を解析した例を述べる．

2.4節では表面反応を考える．ところで，半導体表面は，たとえ欠陥のない理想表面であっても，結晶を切断した断面構造から変化し，結晶の周期より大きい周期の長周期再構成構造をとることが明らかになっている．これは，結晶

[*1] $ab\ initio$ はラテン語であり，from (the) beginning，最初からという意味である．具体的内容は次節で述べる．

を切断することにより生じた不安定な*ダングリングボンド*（キーワード参照）を減らすために，表面の原子が結晶位置から少し移動するからである．成長表面の反応性は表面の再構成構造に依存するので，表面をモデル化する際にはその効果を取り入れなければならない．これは表面反応解析の上で非常に重要なことなので，2.4 節ではかなりの紙面を割いてそのための方法を説明する．最後に，表面反応計算の具体例として，Si-CVD 成長に関する最新の研究成果を述べる．

KEYWORD ダングリングボンド（dangling bond）

共有結合結晶の表面や欠陥では，結合が切れていることにより，相手がいない不安定な結合が発生する．これをダングリングボンドと呼ぶ．直訳すると，余ってぶらぶらしている手というような意味である．

COLUMN 反応速度と活性化エネルギー[8]

$$X + Y \longrightarrow Z$$

の反応速度 r は，多くの場合 X と Y の濃度 [X]，[Y] に比例し，

$$r = k[X][Y]$$

関係を満足する．この時，k を反応速度定数と呼ぶ．

反応速度定数を理論的に予測するための理論は，最初，アイリングにより絶対反応速度論として提出され，その後，遷移状態の理論や活性錯体理論と呼ばれるようになった．この理論によると，1 個の素反応の反応速度定数 k は

$$k = \frac{k_B T}{h} \frac{Q^{\neq}}{Q_R} \exp\left(\frac{-E_0^{\neq}}{k_B T}\right)$$

で表される．ただし，k_B はボルツマン定数，T は絶対温度，h はプランク定数である．また，exp の前の係数 $(k_B T/h)(Q^{\neq}/Q_R)$ は，頻度因子と呼ばれる．$Q^{\neq}$，Q_R については後で説明する．

さて，遷移状態の理論という名前が示す通り，この式を理解するためには「遷移状態」を理解する必要がある．

ここで，反応

$$AB + C \longrightarrow A + BC$$

（次頁へ続く）

を例にあげて説明しよう。反応が進行するに従い，A, B, C の 3 原子からなる系のポテンシャルエネルギーがどのように変化するかを考える（図 2.4）。ここで言うポテンシャルエネルギーとは，A, B, C の 3 原子系全体としての並進運動や回転運動のエネルギーを除いた，系の内部座標のみの関数として与えられる内部エネルギーのことである。例えば，反応の始状態では，分子 AB と原子 C は互いに遠く離れていて相互作用しないので，系のポテンシャルエネルギーは分子 AB の結合エネルギーに等しいであろう[*2]。反対に反応の終状態では，原子 A と分子 BC は相互作用しないので，分子 BC の結合エネルギーがポテンシャルエネルギーに対応するはずである。ところが，原子 C が分子 AB に近づいて相互作用するようになると，ポテンシャルエネルギーは 3 個の原子の位置関係により複雑に変化する。A, B, C 3 個の原子の相対位置は，AB 原子間距離，BC 原子間距離，および，ABC 原子がなす角度 ∠ABC の 3 個の独立なパラメータ（内部座標）で記述できる。これら 3 個の独立な内部座標の関数として，ポテンシャルエネルギーを計算すると 1 個の曲面が得られる。これが断熱ポテンシャルエネルギー曲面（ここでは，ポテンシャル面と略す）である。反応の始状態と終状態はそれぞれこのポテンシャル面上の極小点に対応している。素反応とは，始状態である極小点から，終状態である極小点へ移動する過程である。本章で取り上げる量子化学計算は，ポテンシャル面を最も精度よく計算できる手法であり，その詳細を分かりやすく説明するのが本章の目的でもある。

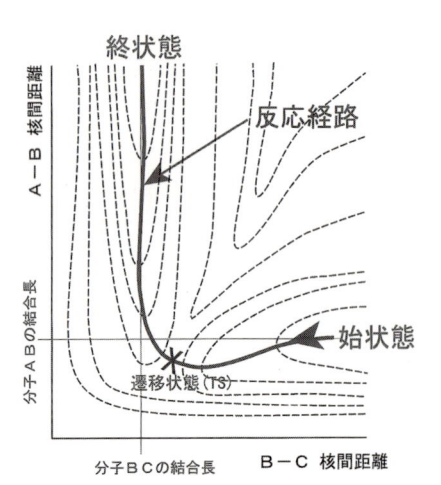

図 2.4　反応 AB+C ⟶ A+BC のポテンシャル面

[*2] 実際には，2.2 節で述べる方法で，分子 AB と原子 B に関してそれぞれ全エネルギー（独立した原子核と電子から分子を作った時に得するエネルギー）を計算し，これらを合計したものがポテンシャルエネルギーに対応している。なお，量子化学計算にはいろいろなエネルギーが登場する。それらの呼び方は必ずしも統一されているわけではなく，文献により微妙に異なっている場合がある。本章での用法は 2.2 節で説明する。

2.1 CVD成長とは

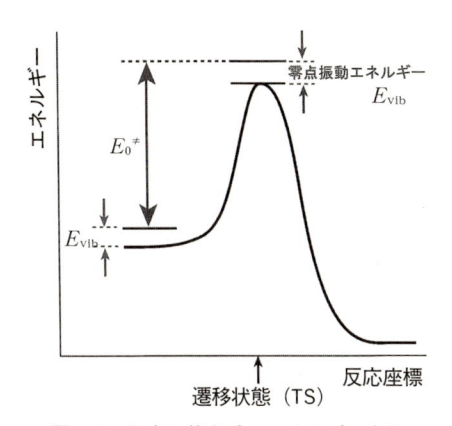

図2.5　反応に伴う系のエネルギー変化

始状態から終状態に到達する最も簡単な経路は，ポテンシャル面上の鞍点を経由していく経路である。この鞍点を遷移状態（transition state；TS）と呼ぶ。反応に沿ったポテンシャルエネルギー変化を図2.5に示す。反応が進行するためには遷移状態を越える必要がある。より厳密には，零点振動エネルギー（キーワード参照）分を補正し，越えるべきポテンシャル障壁の高さは $E_0^{\neq}$ になる。$E_0^{\neq}$ が反応の活性化エネルギーである。

話を反応速度定数式にもどそう。以上の説明から，右辺の $E^{\neq}$ が活性化エネルギーであることが分かった。残りの未知の量は頻度因子に含まれる，$Q^{\neq}$ と Q_R である。これらについて詳細は省略するが，Q_R は反応の始状態の全分配関数，$Q^{\neq}$ は遷移状態において，反応が進行する方向の振動を除いた分配関数[*3]である。

量子化学計算は，活性化エネルギー $E_0^{\neq}$ と，分配関数 Q_R，$Q^{\neq}$ を電子論に基づいて理論予測する手法と言うこともできる。しかし，現実問題として，理論予測された $E_0^{\neq}$ は数十パーセントの誤差を持ち，さらに大規模な計算を行って得られる頻度因子は 10^2 程度の誤差をもつ場合も少なくない。したがって，量子化学計算を実際に利用する場面では，問題になりそうな数種類の反応を抽出し，これらの活性化エネルギーを比較して，律速段階や主要な反応経路を推測することが多い。

---

*3　反応 X + Y → Z が，遷移状態 Z_{TS} を経て，X + Y → Z_{TS} → Z のように進行する場合，反応速度は，遷移状態における反応進行方向の振動周波数 ν に遷移状態分子の濃度 [Z_{TS}] を掛けたものに比例すると考えられる。系が温度 T で熱平衡にある場合，遷移状態の存在確率は統計力学によると次式で与えられる。

$$\frac{[Z_{TS}]}{[X][Y]} = \frac{Q}{Q_R} \exp\left(\frac{-E_0^{\neq}}{k_B T}\right)$$

ここに登場する Q と Q_R がそれぞれ遷移状態と始状態の全分配関数である。ただし，全分配関数はその状態の出現しやすさの程度を示している。反応速度を求めるために，この式に周波数 ν を掛けると，Q から ν の寄与が打ち消されて，Q は $Q^{\neq}$ に，すなわち反応の進行方向の振動を除いた分配関数になる。

COLUMN　複合反応と律速段階

$$AB + CD \longrightarrow AC + BD \tag{C1}$$

の化学反応式で表される化学反応を考えよう。分子 AB と CD が衝突した時，直接 AC と BD が発生するとは限らない。衝突時の原子の動きを追いかけていくと，実際には

$$AB \longrightarrow A + B \tag{C2}$$
$$A + CD \longrightarrow AC + D \tag{C3}$$
$$D + B \longrightarrow BD \tag{C4}$$

のように反応が進んで行く場合がある。(C2)から(C4)は最小単位の反応式であり，これを「素反応」，あるいは「反応素過程」と呼ぶ。これに対し，反応(C1)を複合反応とよぶ。

複合反応は逐次反応，競争反応，連鎖反応に大別できる。通常の熱 CVD で問題になるのは逐次反応と競争反応である。

● 逐次反応

$$X \xrightarrow{k_1} Y \xrightarrow{k_2} Z$$

逐次反応ではこのように逐次的に反応が進行する。ここで，X→Y の反応速度を k_1，Y→Z の反応速度を k_2 とすると，もし，$k_2 \gg k_1$ であれば，全体の反応 X→Z の反応速度は k_1 で決まる。逐次反応で，1個の素反応が他の素反応に比べて著しく遅い場合，この1個の素反応を「律速段階」と呼ぶ。系全体の反応速度は律速段階の反応速度で支配され，アレニウスプロットによる傾きは，ほぼ X→Y 反応の活性化エネルギーを与えることになる。

k_1 と k_2 の値が近い場合は，話は複雑である。この問題に関しては多くの参考書[9]があるので，そちらを参照されたい。

● 競争反応

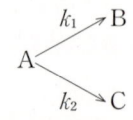

$$A \begin{array}{c} \xrightarrow{k_1} B \\ \xrightarrow{k_2} C \end{array}$$

競争反応では，A→B と，A→C の2種類の反応がそれぞれ，k_1 と k_2 の速さで進行する。この場合，反応速度の大きい反応が主要な反応経路である。

KEYWORD 零点振動エネルギー

量子力学の世界を支配している不確定性原理に起因するエネルギーである。不確定性原理によると，粒子の位置とエネルギーを同時に正確に決めることができない。ここで，水素分子の最も安定な構造は結合長が r_0 の時で，その時のエネルギーは E_0 であるとしよう。不確定性原理によれば，たとえ絶対零度でも，水素分子は結合長 r_0 でエネルギー E_0 の状態を取ることはできない。必ず r_0 を中心とした振動が残る。これが零点振動であり，そのエネルギーを零点振動エネルギーと呼ぶ。ちなみに水素分子の零点振動エネルギーを計算すると $0.29\,\mathrm{eV}$ である。零点振動を考慮せずに計算した水素分子の分解エネルギー（$4.6\,\mathrm{eV}$）をおよそ６％小さくする影響がある。計算方法は 2.2 節 5 項で述べる。

2.2 量子化学計算

では，なぜ化学反応が起きるのだろうか。その前に，なぜ分子が特定な安定構造をとるかを考える。分子を構成しているのは原子であり，原子は１個の原子核と，この周囲に存在する数個から数 10 個の電子で構成されている。原子が集まった分子では，電子が複数個の原子核の周囲を動き回り，原子核どうしを結びつける役割を果たしている。では，分子の中の電子はなぜそのような振る舞いをするのだろうか。このように，電子の立場から分子構造や化学反応を理解し，理論予測するのが量子化学計算である。

電子の振る舞いは，量子力学の基本方程式，シュレディンガー方程式に従うので，シュレディンガー方程式を解くことが課題である。しかし，シュレディンガー方程式は，ごく特殊な場合を除いて厳密に解くことができない。したがって，量子化学計算は，シュレディンガー方程式の近似解を可能な限り精度よ

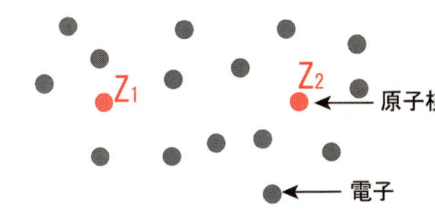

図 2.6 なぜ分子が存在するのか？
電子が複数個の原子核を結びつけているために，分子が安定に存在する。

く求めることに集約され,これまでにさまざまな近似手法が開発されてきた。ここでは,精度が高く結晶成長解析に広く利用されている,*ab initio* 分子軌道法[6,7]を取り上げる。

"*Ab initio*" は "非経験的" と訳され,経験パラメータを用いないことを意味している。解を得るために必要な入力データは,暫定的に与える,分子の "初期" 構造のみである。もちろん,電子の質量やプランク定数などの物理定数は必要だが,いわゆる経験パラメータは必要としない。

少し以前までは *ab initio* 分子軌道計算は,大規模計算の代名詞のように言われ,一部の専門家の間での高級な道具であった。しかし,計算機の急速な処理能力の向上により,ワークステーションやパーソナルコンピュータでも実行可能になってきた。また Gaussian シリーズ[10]を初めとする汎用パッケージソフトが容易に利用でき,これらのソフトは次々に改良が加えられている。現在では,ごく一部の計算を除きプログラムを自作する必要がなくなった。グラフィックを利用した入出力ツール[11]も開発されており,研究開発現場でのタイムリーな利用が可能になりつつある。理論の詳細は他書にゆずることにし,本節では,これらのソフトは何を計算しているか,計算の結果,グラフィックツールで表示されるものは何であるかを理解するための基礎を述べる。

2.2.1 分子のシュレディンガー方程式

量子力学によると,ある系のシュレディンガー方程式は次のようになる。
$$H\Psi = E\Psi \tag{2.2}$$
H はハミルトニアンと呼ばれる演算子(微分したり数を掛けたりする操作)で,式(2.2)は「ある関数 Ψ に H という操作をした結果は,その関数にある数 E を掛けただけ」という形をしている。この形の問題を数学では演算子 H の固有値問題と呼ぶ。この方程式を満足する E は固有値と呼ばれ,多くの場合,とびとびの値をとる。n 番目の固有値 E_n に対応して固有関数 Ψ_n が決まる。量子化学の世界では,E_n は系の全エネルギー,Ψ_n はそのエネルギーを与える状態を表現する "波動関数" である。

N_a 個の原子核と N 個の電子からなる分子では,ハミルトニアンは次のように書ける。ただし,i 番目の電子の位置は (x_i, y_i, z_i),a 番目の原子核と i

番目の電子の距離が r_{ia}，i 番目の電子と j 番目の電子の距離を r_{ij}，としている。

$$H = -\frac{h^2}{8\pi^2 m}\sum_{i=1}^{N}\left(\frac{\partial^2}{\partial x_i^2} + \frac{\partial^2}{\partial y_i^2} + \frac{\partial^2}{\partial z_i^2}\right) - \sum_{i=1}^{N}\sum_{a=1}^{N_a}\frac{Z_a e^2}{4\pi\varepsilon_0 r_{ia}} + \sum_{i=1}^{N}\sum_{j>i}^{N}\frac{e^2}{4\pi\varepsilon_0 r_{ij}} \quad (2.3)$$

h はプランク定数，m は電子の質量，e は電子の電荷，ε_0 は真空の誘電率である．式(2.3)の第1項は電子の運動エネルギーを表している．第2項は電子のポテンシャルエネルギーに対応し，電子と原子核のクーロン相互作用を表している．第3項は電子間のクーロン相互作用である．ところで，原子核の質量は電子の質量に比べて1000倍以上重いので，電子よりも非常にゆっくり運動する．したがって，分子中の電子は固定された核の場のなかを運動すると考えるのが良い近似であろう．この近似のもとでは，原子核の運動エネルギーは無視でき，核間のクーロン反発は定数と見なせる．したがって，これらに対応する項は式(2.3)には含まれていない．この近似をボルン-オッペンハイマー近似と言い，式(2.3)は電子ハミルトニアンと呼ばれる．分子の"全エネルギー"は電子ハミルトニアンを解いて得られた"電子エネルギー"に，定数である"核間反発エネルギー"を加えたものに等しい．すなわち，*ab initio* 分子軌道計算で得られる分子の全エネルギーとは，互いに独立で相互作用のない原子核と電子が集まって，分子を形成したときに得するエネルギーで，負の符号を持つ．

式(2.3)のハミルトニアンは SI 単位系を用いている．ここで，原子単位系を導入する．以降，この章では，特別の指定がない限り，原子単位系を用いることにする．原子単位系（a.u.）での長さの単位はボーア半径 $a_0 = \varepsilon_0 h^2/(\pi m e^2) = 0.529177$ Å，エネルギーの単位は1ハートリー $= e^2/(4\pi\varepsilon_0 a_0) = 2625.5$ kJ/mol $= 27.211$ eV である．なお，次に述べるが，水素原子の基底状態の全エネルギーは -0.5 ハートリーである．

原子単位系を用いてシュレディンガー方程式を書き直したのが式(2.4)である．

$$H = -\frac{1}{2}\sum_{i=1}^{N}\left(\frac{\partial^2}{\partial x_i^2} + \frac{\partial^2}{\partial y_i^2} + \frac{\partial^2}{\partial z_i^2}\right) - \sum_{i=1}^{N}\sum_{a=1}^{N_a}\frac{Z_a}{r_{ia}} + \sum_{i=1}^{N}\sum_{j>i}^{N}\frac{1}{r_{ij}} \quad (2.4)$$

2.2.2 水素様原子の原子軌道

この節では,最も単純な,電子1個,電荷 Z の原子核1個の系,水素様原子をとりあげ,"原子軌道関数 (atomic orbital, AO)" を導入する。

1電子系ではハミルトニアン式(2.4)の第3項は存在しないことに注意して,シュレディンガー方程式を書き下すと式(2.5)になる。

$$\left\{-\frac{1}{2}\left(\frac{\partial^2}{\partial x^2}+\frac{\partial^2}{\partial y^2}+\frac{\partial^2}{\partial z^2}\right)-\frac{Z}{r}\right\}\chi = \varepsilon\chi \tag{2.5}$$

ここで,後に取り上げる多電子系との区別を明確にするために,固有値を ε,波動関数を χ と書いた。

この方程式の解き方に関しては,数多くの良書[12]に詳しく述べられている。途中の数学的詳細を理解するのは本書の目的ではないので,結果のみを記載すると,式(2.5)を満足する解,ε は飛び飛びの値 ε_1, ε_2, ε_3, ……, であり,それぞれの ε_n に対して3種類の量子数, n, m, l で規定される波動関数 χ_{nml} が得られる。

主量子数 　　n: 　1, 2, 3, ………………
方位量子数 　l: 　0, 1, 2, …… $n-1$
磁気量子数 　m: 　$-l$, $-l+1$, $-l+2$, ……… $l-1$, l

なお,方位量子数 $l=0$, 1, 2, 3, ……にはそれぞれ,s, p, d, f, ……の文字をあてる。

エネルギーは,ハートリーを単位として,

$$\varepsilon_n = -\frac{Z^2}{2n^2} \tag{2.6}$$

である。対応する波動関数 χ_{nlm} は

$$\chi_{nlm}(r, \theta, \phi) = R_{nl}(r)Y_l^m(\theta, \phi) \tag{2.7}$$

の形式で与えられる。ただし,図2.7に示すように,直交座標系 (x, y, z) を,原子核を原点とする極座標系 (r, θ, ϕ) に変換している。

式(2.7)の $R_{nl}(r)$ は原子核からの距離 r のみの関数で,波動関数の動径部分と呼ばれる。$Y_l^m(\theta, \phi)$ は角部分と呼ばれる。ここで,具体的な関数形は章末の付録Aに示す (p.103参照)。

水素様原子のエネルギー最低の状態,基底状態のエネルギーは $\varepsilon_1 = -Z^2/2$

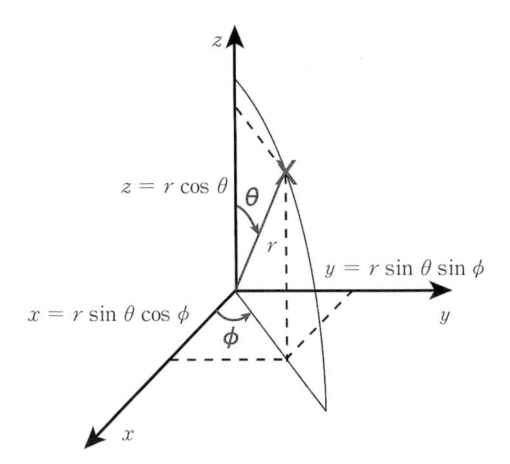

図 2.7 直交座標と極座標の関係

である。水素原子では $Z=1$ なので，$\varepsilon_1 = -0.5$ ハートリーである。$n=1$ の時に l と m がとる値は 0 のみなので，ε_1 に対応する波動関数は χ_{100} の 1 種類であり，

$$\chi_{100} = R_{10}(r)Y_0^0(\theta, \phi) = \frac{1}{\sqrt{\pi}} Z^{\frac{3}{2}} \exp(-Zr) \tag{2.8}$$

である。これを 1s 軌道，χ_{1s} と呼ぶ（コーヒーブレイク参照, p. 107）。

2 番目に低いエネルギーは $\varepsilon_2 = -Z^2/8$ である。ε_2 に対応する波動関数は χ_{200}, χ_{210}, χ_{211}, χ_{21-1}, の 4 個であり，四重に縮退している。χ_{200} は 2s 軌道と呼ばれ，次のように表される。

$$\chi_{200} = \frac{1}{4\sqrt{2\pi}} Z^{\frac{3}{2}} (2-Zr) \exp\left(-\frac{Zr}{2}\right) \tag{2.9}$$

2s 軌道は r のみの関数である。

χ_{210}, χ_{211}, χ_{21-1}, は 2p 軌道と呼ばれる。χ_{210} の具体的な関数形は，

$$\chi_{210} = \frac{1}{4\sqrt{2\pi}} Z^{\frac{5}{2}} \exp\left(-\frac{Zr}{2}\right) r \cos\theta$$

であるが，$r \cos\theta = z$ に注意して，直交座標に変換すると，

$$\chi_{210} = \frac{1}{4\sqrt{2\pi}} Z^{\frac{5}{2}} \exp\left(-\frac{Zr}{2}\right) z \tag{2.10}$$

になり r と z の関数になる．これを $2\mathrm{p}_z$ 軌道と呼ぶ．ところで，χ_{211}，χ_{21-1}，は複素関数であり，空間イメージを描きにくい．量子力学によれば，縮退している準位では波動関数の取り方は一義的に定まらず，変換可能である．そこで，Y_1^1 と Y_1^{-1} の代わりに，$Y_{1,1}' = (1/\sqrt{2})(-Y_1^1 + Y_1^{-1})$ と $Y_{1,-1}' = (1/\sqrt{2})(Y_1^1 + Y_1^{-1})$ を用いることにして，虚数部を消去すると，付録Aの $Y_{1,1}'$ と $Y_{1,-1}'$ のような実関数で記述できる．さらに直交座標に変換すると，次に示す $2\mathrm{p}_x$ 軌道と $2\mathrm{p}_y$ 軌道が得られる．

$$\chi_{2px} = \frac{1}{4\sqrt{2\pi}} Z^{\frac{5}{2}} \exp\left(-\frac{Zr}{2}\right) x \quad (2.11)$$

$$\chi_{2py} = \frac{1}{4\sqrt{2\pi}} Z^{\frac{5}{2}} \exp\left(-\frac{Zr}{2}\right) y \quad (2.12)$$

以上が，ε_2 に対応する4個の関数であり，よく知られているように，2s軌道は球対称，$2\mathrm{p}_x$，$2\mathrm{p}_y$，$2\mathrm{p}_z$ はそれぞれ x，y，z 軸方向に伸びている．同様な手続きにより，ε_3 に対応する波動関数として，χ_{3s}，χ_{3px}，χ_{3py}，χ_{3pz}，$\chi_{3dz^2-r^2}$，χ_{3dxy}，χ_{3dyz}，χ_{3dzx}，$\chi_{3dx^2-y^2}$，の9個の波動関数が得られる．具体的な関数形を章末の付録Bに示す（p. 104 参照）．

電子の存在確率は $\chi^*\chi = |\chi|^2$ に比例する．式(2.8)〜(2.12)および付録Bを用いて，簡単に各軌道ごとの電子分布を調べられる（図2.8と2.9参照）．

演習5．原子軌道

水素原子の各軌道関数の形，および各軌道関数の電子分布を調べよ．

2.2.3 多電子原子

次に多電子原子の状態が，1電子原子の波動関数（原子軌道関数）の組み合わせで近似できることを示そう．多電子原子のシュレディンガー方程式は次の形である．

$$\left\{-\frac{1}{2}\sum_{i=1}^{N}\left(\frac{\partial^2}{\partial x_i^2} + \frac{\partial^2}{\partial y_i^2} + \frac{\partial^2}{\partial z_i^2}\right) - \sum_{i=1}^{N}\frac{Z}{r_{ia}} + \sum_{i=1}^{N}\sum_{i>j}^{N}\frac{1}{r_{ij}}\right\}\Psi = E\Psi \quad (2.13)$$

この方程式は解析的に解けない．多電子系で問題が難しいのは，左辺第3項の電子間反発ポテンシャル $1/r_{ij}$ が存在しているためである．とりあえず，この項を無視すると，

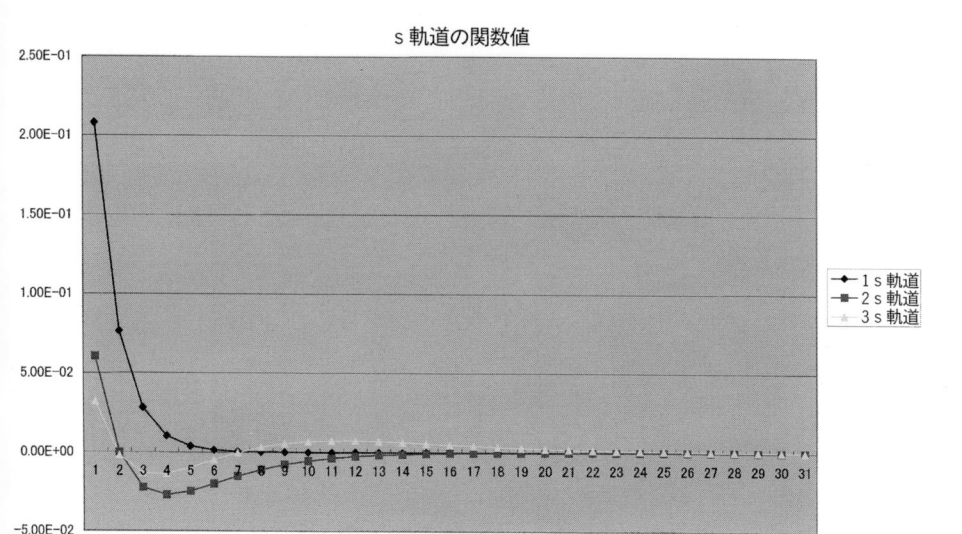

s 軌道の関数値

図 2.8 水素原子の s 軌道
s 軌道は原子核からの距離 r のみの関数である。

$$\left[\sum_{i=1}^{N}\left\{-\frac{1}{2}\left(\frac{\partial^2}{\partial x_i^2}+\frac{\partial^2}{\partial y_i^2}+\frac{\partial^2}{\partial z_i^2}\right)-\frac{Z}{r_{ia}}\right\}\right]\Psi = E\Psi \tag{2.14}$$

式 (2.14) を書き直すと，

$$[\sum h_i]\Psi = E\Psi \tag{2.15}$$

$$h_i = -\frac{1}{2}\left(\frac{\partial^2}{\partial x_i^2}+\frac{\partial^2}{\partial y_i^2}+\frac{\partial^2}{\partial z_i^2}\right)-\frac{Z}{r_{ia}}$$

となる。電子 2 個の場合を考えると，式 (2.15) は次のように書き直せる。

$$[h_1 + h_2]\Psi = E\Psi \tag{2.16}$$

電子 1 の波動関数 $\chi_n(1)$ と電子 2 の波動関数 $\chi_m(2)$ が，それぞれ次式

$$h_1 \cdot \chi_n(1) = \varepsilon_n \cdot \chi_n(1)$$

$$h_2 \cdot \chi_m(2) = \varepsilon_m \cdot \chi_m(2)$$

を満足することを用いると，次に示す式 (2.17) が成り立つ。

$$(h_1 + h_2)\chi_n(1)\cdot\chi_m(2) = \varepsilon_n\cdot\chi_n(1)\cdot\chi_m(2) + \chi_n(1)\cdot\varepsilon_m\cdot\chi_m(2)$$

$$= (\varepsilon_n + \varepsilon_m)\chi_n(1)\cdot\chi_m(2) \tag{2.17}$$

したがって，解として，全系のエネルギー $E_{nm} = (\varepsilon_n + \varepsilon_m)$，波動関数 Ψ_{nm}

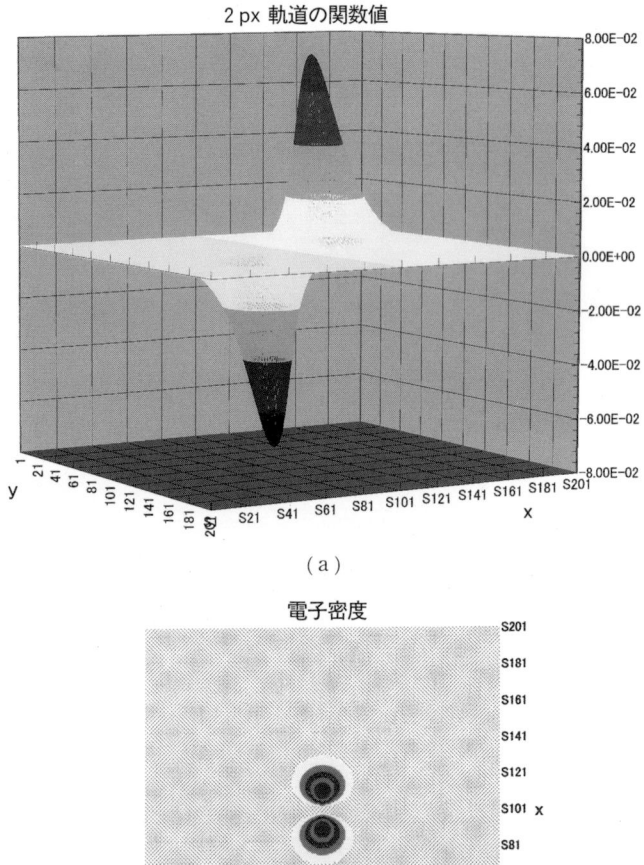

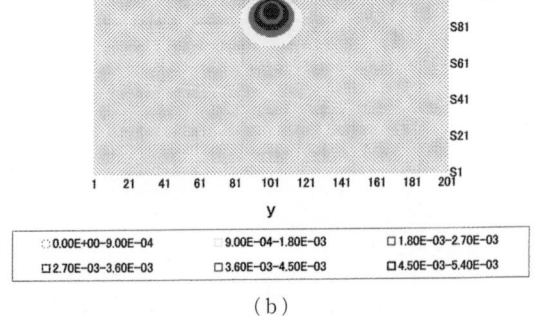

図 2.9　$2\mathrm{p}_x$ 軌道の xy 射影した関数値（a）と電子密度分布（b）
電子密度分布をみると，x 軸方向に電子の存在確率が高いことがわかる。

$= \chi_n(1)\chi_m(2)$ が得られる。この結果は，それぞれの電子が独立に原子軌道に収まっていることを意味している。2電子原子（He）の場合，1s軌道に2個の電子が存在するのが，エネルギー最低の状態であることが直ちに分かる。この方法が，原子の状態 Ψ を1電子軌道関数 χ の組み合わせで近似しようという考え方である。分子軌道計算はこの考え方を基本にし，とりあえず無視した

KEYWORD ────────────────────────────────────── **スピン**

相対論的波動方程式，Dirac方程式を解くことにより導かれる自由度で，角運動量の一種である。分子軌道法で扱うハミルトニアン式(2.3)は，非相対論（粒子の速度は光速に比べ十分遅いと仮定している）なので，この式のみからはスピンを導くことができない。そこで，本文で述べるように上向きスピン↑と下向きスピン↓に対応するスピン関数，α，β を与えることにより，スピンを取り入れている。

スピンは角運動量の一種なので，角運動量の合成則に従う。すなわち，多電子原子や分子のように，複数個の電子が存在する場合は，全スピン S を定義することができる。↑スピンと↓スピンの数が等しい場合は全スピン $S = 0$ である。N 電子系で，すべてのスピンが↑の場合，全スピン $S = N/2$ である。全スピンが S の場合，その大きさは $S(S + 1)$ である。またスピンが向くことのできる方向は，z 軸の射影 m_s が

$$m_s = S, \ S-1, \ \cdots\cdots, \ -S$$

になるような $2S + 1$ 個の飛びとびの方向である。$2S + 1$ をスピン多重度と呼ぶ。

例えば，2電子系では，全スピン $S = 1$ の場合と $S = 0$ の場合がある。$S = 1$ の状態は，$m_s = 1, \ 0, \ -1$ の三重に縮退していて，三重項（triplet）と呼ばれる。他方 $S = 0$ の状態は縮退がなく一重項（singlet）と呼ばれる。安定な分子の多くは一重項状態である。三重項状態の分子としてよく知られているものに，メチレン CH_2 がある。メチレンには電子が8個ある。まず，2個の電子がCの1s軌道に↑↓詰まる。さらに4個の電子がCの4本の共有結合の手の2本に↑↓詰まってHと結合を形成している。残りの2個の電子が，相手のいないCの共有結合の手に1個ずつ↑と↑で占有しているため，$S = 1$ 状態であるというイメージで捉えられる。3電子系では，$S = 3/2$（四重項, quartet）と $S = 1/2$（二重項, doublet）の2種類のスピン状態が可能である。

2.3節で述べるが，化学反応の多くはスピン保存則に従うので，反応過程を予測する際には，必ずスピンを考慮する必要がある。

KEYWORD ──────────────── フントの規則

各原子軌道をエネルギーの低い順に並べると，1s，2s，2p，3s，3p，……の順番になり，これらの軌道に順番に電子を詰めていく。例えば，電子数 6 の C 原子では，1s 軌道に ↑↓ 2 個，2s 軌道に ↑↓ 2 個，2p 軌道に ↑↑ 2 個占有し，全スピン $S = 1$，したがって，スピン多重度 $(2S + 1)$ は 3 である。

ところで，電子数 19 のカリウム K では，1s に 2 個，2s に 2 個，2p に 6 個，3s に 2 個，3p に 6 個詰まった後，残りの 1 個の電子は，3d ではなく 4s を占有する。その理由として，3d 軌道のエネルギーより 4s 軌道のエネルギーが低いためと説明されることが多い。しかし，ハートリーフォック方程式の考え方を用いると，エネルギーが低いのは 3d 軌道であるが，電子間の相互作用により，原子全体としては 4s を占めた方が安定であると解釈するのが適切であろう。この問題に関しては，参考文献[6,7]が詳しい。

KEYWORD ──────────────── スレーター行列式

スレーター行列式は次の行列式で定義された関数である。

$$\| f_1(q_1)\, f_2(q_2) \cdots f_N(q_N) \| \equiv \frac{1}{\sqrt{N!}} \begin{vmatrix} f_1(q_1) & f_2(q_1) & \cdots & f_N(q_1) \\ f_1(q_2) & f_2(q_2) & \cdots & f_N(q_2) \\ \cdots & \cdots & \cdots & \cdots \\ f_1(q_N) & f_2(q_N) & \cdots & f_N(q_N) \end{vmatrix}$$

この行列式には次の 2 つの特徴がある。まず，任意の 2 個の変数 q_1 と q_2 を入れ替えた行列式は入れ替える前と符号が反対である。ここで，ハミルトニアン式(2.2)に注目すると，ある関数 Ψ が式(2.2)を満足する場合は，$-\Psi$ も式(2.2)を満足することは明らかである。このことは，Ψ と $-\Psi$ は同じ状態であることを表している。q_1 と q_2 を電子の座標と考えると，任意の 2 個の電子を入れ替えても符号が反転するだけというのは，任意の 2 個の電子を入れ替えても元の状態と区別できないことを数学的に表現している。これは，量子力学が電子の状態関数に対して要請する基本的な性質である。

次に，この行列式で，$f_1 = f_2$ を仮定すると，行列式の値はゼロである。これは，「2 個の電子が同じ状態を占めた状態はゼロ，すなわち同じ状態を占めることは決してない」ことを意味していて，パウリの原理を数学的に表現している。

電子間相互作用 $1/r_{ij}$ を後で可能な限り正確に求めるために組み立てられた理論である。

ところで，多電子原子の電子配置は，パウリの原理とフントの規則で説明されるのが一般的である。パウリの原理では，電子は空間自由度の他に自転に対応する内部自由度，スピン $s=1/2$, を持っていて，ある1個の空間軌道には，スピン上向き↑（+1/2）状態と下向き状態↓（−1/2）の2個の電子しか存在できないとしている（キーワード参照）。

フントの規則（キーワード参照）は，縮退している軌道に複数の電子が入るときは，別々の軌道にスピンを同じ向きに並べて入るのがエネルギー最低の状態であるとするもので，原子の基底状態電子構造を定性的に説明している[13]。

話をもどすと，正しい電子構造を求めるには，式(2.15)で無視した電子間反発ポテンシャル，$1/r_{ij}$を考慮しなければならない。分子軌道計算では，近似関数としてパウリの原理を満足するスレーター行列式（キーワード参照）を仮定し，$1/r_{ij}$項の影響を可能な限り精度よく取り入れるように，スレーター行列式を構成する関数や係数を決定する。これが，2.2.5項で述べるハートリーフォック近似に対応している。

2.2.4 水素分子イオン

この節では，分子が安定な結合を作る理由を，分子軌道の考え方で考察しよう。最も単純な例が，2個の原子核と1個の電子で構成される水素分子イオンH_2^+である。水素分子イオンの全ハミルトニアンは，電子ハミルトニアンに原子核a, b間（距離R）のクーロン反発エネルギーを加え，次のようになる。

$$H = -\frac{1}{2}\left(\frac{\partial^2}{\partial x^2} + \frac{\partial^2}{\partial y^2} + \frac{\partial^2}{\partial z^2}\right) - \frac{1}{r_a} - \frac{1}{r_b} + \frac{1}{R} \quad (2.18)$$

このハミルトニアンを解析的に解くことは不可能である。そこで，水素原子の波動関数の1次結合として近似波動関数 ψ を求めることにする[*4]。この方法がLCAO (linear-combination of atomic orbital) 近似によるMO (molecular orbital；分子軌道関数，略して分子軌道) である。分子軌道法では，変分法

[*4] H_2^+について，解析解は得られないが，回転楕円体座標を用いた数値計算で厳密解が得られている[14]。それによると，分子エネルギーの最低値は $R=2.0$ 原子単位で与えられ，そのときのエネルギーは-0.5974ハートリーである。

を用いて1次結合係数の最良の組を決める。ただし，この例の場合は，わざわざ変分計算を行わなくても，分子の対称性のみから次の結果が得られる。

$$\phi_1 = c_1(\chi_a + \chi_b)$$
$$\phi_2 = c_2(\chi_a - \chi_b)$$
(2.19)

χ_a と χ_b はそれぞれ核 a, b を原点とする水素の1s軌道関数である。波動関数は規格化条件 $\int \phi^*\phi d\tau = 1$ を満たすので，

$$c_1 = \frac{1}{\sqrt{2(1+S)}}$$
$$c_2 = \frac{1}{\sqrt{2(1-S)}}$$
$$S = \int \chi_a \chi_b d\tau$$
(2.20)

が得られる。ここで，S は重なり積分で，$1(R=0)$ から $0(R=\infty)$ の間の値をとる。

次に，エネルギーを計算する。シュレディンガー方程式(2.2)の最低エネルギーを E_1，そのときの波動関数を Ψ_1 とすると，E_1 は

$$\int \Psi_1^* H \Psi_1 d\tau = \int \Psi_1^* E_1 \Psi_1 d\tau$$
$$E_1 = \frac{\int \Psi_1^* H \Psi_1 d\tau}{\int \Psi_1^* \Psi_1 d\tau} = \int \Psi_1^* H \Psi_1 d\tau$$
(2.21)

で計算できる。一般には，厳密解 Ψ_1 は分かっていない。そこで，近似解 Ψ' を用いて，近似エネルギー E' を計算すると

$$E' = \int \Psi'^* H \Psi' d\tau$$
(2.22)

となり，E' は必ず

$$E_1 \leq E'$$
(2.23)

の関係を満足する。$E_1 = E'$ になるのは $\Psi' = \Psi_1$ の時のみである。これが，変分原理である。変分原理は，近似波動関数が与えるエネルギーは正確なエネルギーより必ず高いこと，よい近似関数ほど低いエネルギーを与えることを保証している（キーワード参照）。

近似波動関数の式(2.19)を式(2.22)に代入すると，ψ_1 と ψ_2 に対応する近似エネルギー，E_1' と E_2' が得られる。

$$E_1' = \frac{\alpha + \beta}{1 + S}$$
$$E_2' = \frac{\alpha - \beta}{1 - S} \tag{2.24}$$

ただし，

$$\alpha = \int \chi_a\, H\, \chi_a\, d\tau$$
$$\beta = \int \chi_a\, H\, \chi_b\, d\tau \tag{2.25}$$

である。

E_1' と E_2' を R の関数としてプロットしたのが図2.10である。E_1' は結合距離 $R \sim 2.5$（1.23Å）のところにエネルギーの極小値がある。そのときのエネルギーは-0.5648ハートリーで，HとH^+に解離した場合の系のエネルギー-0.5ハートリーに比べて0.0648ハートリー（1.76 eV）安定である。したがって，電子状態が ψ_1 の時，H_2^+ は安定な分子を作ることがわかる。結合を作るという意味で，ψ_1 を結合性分子軌道と呼ぶ。他方，電子が ψ_2 軌道を占めた場合は，結合距離が大きいほどエネルギーが低いので，分子を作らない。そこで，ψ_2 を反結合性分子軌道とよぶ。

水素分子イオンの場合は化学結合に関係する電子が1個しか存在しない。一般には2個の電子が結合性軌道を占めることにより共有結合が形成されると考える。電子が2個の場合にも，本質的には同様な取り扱いで分子が安定化することが示される。ただし電子が2個以上の系では，2.2.3項で述べ

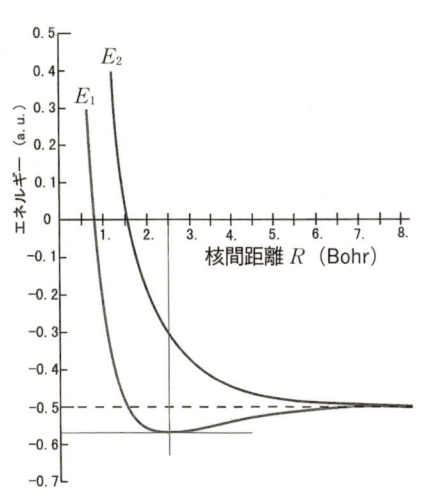

図2.10　R と E_1', E_2' の関係

た多電子原子の場合と同じ理由により，ハートリーフォック近似を導入し，数値計算を行う必要がある。

演習6．結合距離とエネルギー

式(2.20)と(2.25)で定義した積分，S, α, β は，χ_a と χ_b が1s軌道の場合は R の関数として次式で計算できる[15]。

$$S = \left(1 + R + \frac{R^2}{3}\right)\exp(-R)$$

$$\alpha = -\frac{1}{2} - \frac{1}{R}\{1 - (1+R)\exp(-2R)\} + \frac{1}{R}$$

$$\beta = -\frac{S}{2} - (1+R)\exp(-R) + \frac{S}{R}$$

これを用いて，図2.10に示した結果を導きなさい。

演習7．結合性軌道と反結合性軌道

H_2^+ の結合性軌道と反結合性軌道の形を調べなさい。結合性軌道ではa, b原子核の中間に電子が分布しているが，反結合性軌道では，それぞれの核に電子が局在していて，核間に電子が存在しないことを確認しなさい。

KEYWORD ━━━━━━━━━━━━━━━━━━━━━━━━━━━━━━━ 変分原理

変分原理の証明は簡単である。シュレディンガー方程式(2.2)の解の組 Ψ_k は完全規格直交系をなすと考える。近似関数 Ψ' を Ψ_k で展開して，式(2.22)に代入すると，

$$\Psi' = \sum_k C_k \Psi_k$$

$$E' = \sum_k |C_k|^2 E_k$$

ここで，E_k を最低のエネルギー E_1 に置きかえると

$$\sum_k |C_k|^2 E_k \geq \sum_k |C_k|^2 E_1$$

すなわち

$$E' \geq E_1$$

2.2.5 ab initio 分子軌道計算の実際
―― ハートリーフォック近似とハートリーフォック方程式，多原子分子のためのロータン方程式

以上，多電子原子を例にあげ，電子が2個以上の系では電子間相互作用 $1/r_{ij}$ 項が存在するために数値計算が必要であること，H_2^+ イオンを例にあげ，分子軌道の考え方を述べた。ここでは，多電子多中心系である一般の分子の扱いを述べる。複数個の電子と原子核が存在する分子について，基底状態の近似エネルギーと近似波動関数を精度よく求めるための巧妙な方法が，ロータン方程式である。市販されている ab initio 分子軌道計算プログラムのほとんどが，この方程式の数値解を求めている。ロータン方程式導出の過程は数学的要素が強く，また，具体的にたどるには本1冊分の分量が必要である[16]。したがって，本書ではその導出過程は触れない。ただし，導出にあたって，いくつかの近似と仮定を導入しているので，それらを明確にする。

1 ハートリーフォック近似とハートリーフォック方程式

ハートリーフォック近似は分子軌道法の基本となる重要な近似である。2.3節で述べたパウリの原理は，もともとは数学的に「n 個の電子の波動関数 $\Psi(r_1, \sigma_1, r_2, \sigma_2, \cdots\cdots r_n, \sigma_n)$ は任意の2個の電子の交換に対して反対称でなければならない」と表現されている。ここで，r_1, σ_1 は電子(1)の空間座標とスピン状態を表す。ここで，「近似波動関数 Ψ' は1電子関数 $\phi_i(r_1, \sigma_1)$ の積で表される」という仮定を加えると，Ψ' は1個のスレーター行列式（キーワード，p.70参照）でなければならない。2電子系について書き下すと次のようになる。

$$\Psi'(r_1, \sigma_1, r_2, \sigma_2) = \| \phi_1(r_1, \sigma_1) \quad \phi(r_2, \sigma_2) \|$$
$$= \frac{1}{\sqrt{2}} \{\phi_1(r_1, \sigma_1)\phi_2(r_2, \sigma_2) - \phi_2(r_1, \sigma_1)\phi_1(r_2, \sigma_2)\}$$
(2.26)

変分原理によれば，最良の近似関数 Ψ_0 は，式(2.21)から求まる近似エネルギー E' を極小にするような近似関数である。ところで，多くの分子で，電子数は偶数であり，基底状態では1個の分子軌道を2個の電子がスピン↑↓に占有している場合が多い。この条件のもと，スピン関数を α, β，電子の空間軌道関

数を $\psi(r)$ と書くと，

$$\Psi'(r_1, \sigma_1, r_2, \sigma_2, \cdots\cdots r_n, \sigma_n)$$
$$= \| \phi_1(r_1)\alpha(\sigma_1) \phi_1(r_2)\beta(\sigma_2) \cdots\cdots \phi_{n/2}(r_{n-1})\alpha(\sigma_{n-1}) \phi_{n/2}(r_n)\beta(\sigma_n) \| \tag{2.27}$$

と書き直せる。この時，E' を極小にするような1電子軌道関数 $\psi_i(r_1)$（分子軌道関数）は，次のハートリーフォック方程式(2.28)を満足し，近似エネルギーは式(2.29)で与えられる[*5]。

$$F\phi_i(r_1) = \varepsilon_i \cdot \phi_i(r_1) \tag{2.28}$$

$$E' = \sum_{i=1}^{n/2} 2H_i + \sum_{i=1}^{2/n}\sum_{j=1}^{2/n}(2J_{ij} - K_{ij}) \tag{2.29}$$

ここで，F は電子(1)に作用する演算子（フォック演算子）で

$$F = h + \sum_{j=1}^{n/2}(2J_j - K_j)$$
$$= h + \nu^{\mathrm{HF}} \tag{2.30}$$

と書ける。h は電子が1個しか存在しない場合のハミルトニアンに等しく，

$$h = -\frac{1}{2}\left(\frac{\partial^2}{\partial x_1^2} + \frac{\partial^2}{\partial y_1^2} + \frac{\partial^2}{\partial z_1^2}\right) - \sum_{a=1}^{N}\frac{Z_a}{r_{1a}} \tag{2.31}$$

である。$\nu^{\mathrm{HF}} = \sum_{j=1}^{n/2}(2J_j - K_j)$ はハートリーフォックポテンシャルと呼ばれる有効ポテンシャルで，J_j と K_j の具体的な関数形は章末の付録Cに示す（p. 104 参照）。J_j は電子(1)に作用する他の電子からの平均のクーロンポテンシャル場に対応する積分である。他方，K_j は交換積分演算子と呼ばれ，パウリの原理から生まれた純粋に量子力学的な起源の演算子である。また式(2.29)中の H_i，J_{ij}，K_{ij} は積分を表していて，その定義も付録Cにまとめてある。

以上，多少ややこしい式が並んだが，式(2.27)から式(2.31)を見直して見よう。まず式(2.27)で，我々が求めたい分子の近似波動関数 Ψ' は，1電子関数 $\psi_i(r_i)$ の組み合わせで表現されると仮定した。その時，最良の $\psi_i(r_i)$ を求める

[*5] この方法は，電子数が偶数で1個の分子軌道をスピン↑↓の2個の電子が占有しているような閉殻系にのみ適応でき，制限つきハートリーフォック（Restricted Hartree-Fock, RHF）法と呼ばれる。電子が奇数個の開殻系については，↑電子と↓電子に対して別々の軌道関数を定義する，非制限ハートリーフォック（Unrestricted Hartree-Fock, UHF）法を用いる。

には,「分子中に電子が1個しか存在しない場合のハミルトニアン(2.31)に, ハートリーフォックポテンシャル ν^{HF} を修正項として加えた」フォック演算子の固有値問題,すなわちハートリーフォック方程式(2.28)を解けばよい。ここで,ハートリーフォック方程式(2.28)を解いて得られる軌道エネルギー ε_i の和は,全エネルギー E' に等しくないことに注意しなければならない[*6]。

ハートリーフォック方程式は積分方程式の一種であり,これを分子について解くのは不可能に近い。というのは,原子の場合は,原子軌道が $\psi(r) = R(r)Y(\theta, \phi)$ で表されるので,動径部分と角度部分に分離して積分計算が実行できる。しかし分子では,変数分離ができないため,数値計算の膨大さは実用範囲を超えているからである。この問題を解決したのが,次に述べるロータン方程式である。

2 基底関数の導入とロータン方程式

その方法は,適当な既知の"基底関数"を導入し,基底関数 $\phi_p(r)$ の線形結合で未知の分子軌道を展開することである。すなわち,分子軌道 $\psi_i(r)$ を

$$\psi_i(r) = \sum_{p}^{K} C_{pi} \phi_p(r) \tag{2.32}$$

で近似する。基底関数の組が完全系であれば,式(2.32)は正確な展開となるが,実際に計算を実行するためには有限個 K の組を用いざるを得ない。したがって,十分によい精度の展開を与えるような基底関数を選ぶことが大切である。分子軌道計算のポイントは基底関数であると言われる理由である。結果は

$$FC = SC\varepsilon \tag{2.33}$$

のようなシンプルな行列方程式になる。

F はフォック行列で,

$$F_{pq} = \int \phi_p^*(r_1) F \phi_q(r_1) dr_1$$

を行列要素にもつ,$K \times K$ のエルミート行列である。ただし,ϕ はここで導

[*6] 例えば,電子2個の He 原子を考える。式(2.28)は
$$[h + 2J_1 - K_1]\psi_1(r_1) = \varepsilon_1 \cdot \psi_1(r_1)$$
である。両辺に $\psi_1(r_1)$ を掛けて積分し,$K_{ii} = J_{ii}$ に注意すると,$\varepsilon_1 = H_1 + J_{11}$ が得られる。一方,式(2.29)から,$E' = 2H_1 + J_{11}$ なので,$E' \neq 2\varepsilon_1$ である。

入した基底関数であり，既知の関数である。S は重なり行列で，重なり積分

$$S_{pq} = \int \phi_p^*(r_1) \phi_q(r_1) dr_1$$

を要素にもつ $K \times K$ のエルミート行列である。C は基底関数展開の係数からなる行列であり，1 列目が分子軌道 ψ_1 を記述する係数に対応している。ε は軌道エネルギーを対角要素にもつ対角行列である。式(2.33)を繰り返し逐次的に解くことにより，最良の分子軌道を与える展開係数が求まる。この計算の中で最も手間がかかるのは，F 行列要素に含まれる〜K^4 個の 2 電子積分である[*7]。大型の分子を計算したり，計算精度を上げるために基底関数の数を増やすと，たちまち計算量が膨大になることが理解できよう。

2.2.6 量子化学計算から何が分かるか[17)]

以上の手続きにより，ある固定した原子核配置について，電子の波動関数と電子エネルギーが得られた。電子エネルギーに核間の反発エネルギーを加えると，分子の全エネルギーが求められる。また，演習 7 で水素分子イオンの電子分布を計算したのと同様の手続きで，電子分布が計算できる。市販の入出力ツールを利用すると，美しいグラフィックで電子分布が表示される。これらを利用することによりいろいろな物理量や現象が予測できる。以下に，次節以降の議論で実際に取り上げる物理量を簡単にまとめておく。

1 分子の構造と化学反応

原子配置の関数として系のエネルギーをプロットすると，断熱ポテンシャル面が得られる。2.1 節のコラムですでに説明したように，断熱ポテンシャル面の極小点が安定な分子構造に対応する。化学反応の素過程は，ある極小点から他の極小点に鞍点を越えて移動する過程である。

2 振動モードと赤外吸収スペクトル

質量 m_1 と m_2 からなる 2 原子分子を考える。平衡位置から原子が少し変位

[*7] フォック行列には，膨大な数の 2 電子積分

$$[pq|rs] = \int \phi_p^*(r_1) \phi_q(r_1) \frac{1}{r_{12}} \phi_r^*(r_2) \phi_s(r_2) dr_1 dr_2$$

が含まれている。

2.2 量子化学計算

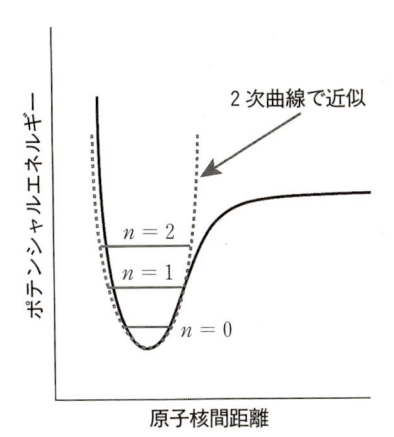

図2.11 基準振動解析の概念図

した場合はバネと同様に復元力が働くと考えられる。これは，ポテンシャル曲線を2次曲線で近似したことに相当する。

2次の係数 k はバネ定数に対応し，そのときの振動数は，換算質量 $m = m_1 m_2 / (m_1 + m_2)$ を用いて，

$$v = \frac{1}{2\pi}\sqrt{\frac{k}{m}} \tag{2.34}$$

になる。量子論では，

$$E_{vib} = hv\left(n + \frac{1}{2}\right) \quad n = 0, \ 1, \ 2 \cdots\cdots \tag{2.35}$$

で与えられる飛び飛びのエネルギーをとる。$n = 0$ の場合が零点振動エネルギーである（キーワード参照，p.61）。赤外吸収やラマン散乱などの光の共鳴吸収は $\Delta n = \pm 1$ のエネルギー差に対応する波長で起こる。

一般に，N_a 個の原子からなる分子の振動は，内部自由度と同じ $3N_a - 6$ 個の独立な定常振動に分解でき[*8]，これらを基準振動と呼ぶ。基準振動のすべてについて，$\Delta n = \pm 1$ に対応する赤外吸収あるいはラマンスペクトルが現れるのではなく，選択律により許可されたものについてのみ現れる。Gaussian シリーズなど多くの分子軌道計算プログラムには，選択律も考慮して，これらスペクトルの波長と強度を計算するルーチンが含まれている。

[*8] 直線分子の内部自由度は $3N_a - 5$ 個である。例えば，2原子分子では当然のことながら基準振動は式(2.34)の1個である。

2.3 表面での水素と有機原料の反応[18]

　GaAlAsなどの化合物半導体のMOCVDでは，多くの場合キャリアガスとして水素分子H_2を用い，原料分子をキャリアガスに希釈して基板に供給する。原料分子はキャリアガスと衝突を繰り返すことにより，基板表面から熱を受け取り，次第に温度を上昇させながら基板表面に到達する。キャリアガスという呼び名が示すとおり，水素分子の役割は，原料を運び，原料分子に熱エネルギーを伝えることであると一般に考えられていた。しかし，その後，原料分子と直接反応して原料の熱分解過程を変えるなどさまざまな影響を及ぼし，成長膜の膜質を左右する重要な役割を果たしていることが量子化学計算から明らかになってきた。

　また，AsH_3などの水素化V族原料は熱分解して原子状水素を放出することが計算から予想され，原子状水素は原料分子と活性に反応することがやはり計算で示された。これらの計算結果を総合すると，これまでメカニズムが不明であったいくつかの実験事実を矛盾なく説明することができる。同時に，膜質向上に向けて，成長条件最適化のための指針を得ることも可能になりつつある。

2.3.1 キャリアガスH_2と有機III族原料の反応

　キャリアガスが原料分子と反応するかどうかは，研究初期の段階から議論があった。V族原料に関して，実験結果は水素分子と反応しないことを示していたが，有機III族原料に関しては，水素と反応することを示唆する実験結果と反応しないことを示唆する結果の両方が報告されていた。反応することを示す実験結果は，たとえば次のようなものである[19]。代表的な有機アルミニウム原料，トリメチルアルミニウム（TMA）と水素の混合ガスを加熱し，残存するトリメチルアルミニウムに対応する質量スペクトル強度を調べた。結果は，水素分圧が増加するにつれ，スペクトル強度が減少し，トリメチルアルミニウムの熱分解温度が低下することを示していた。有機ガリウム原料，トリメチルガリウム（TMG）についても，その傾向が多少緩和されるものの，ほぼ同様な結果が得られた。しかし，実験からは，"本当に"水素分子が有機III族原料と反応しているのか，また，反応するとすれば，どのような反応なのかを直接示

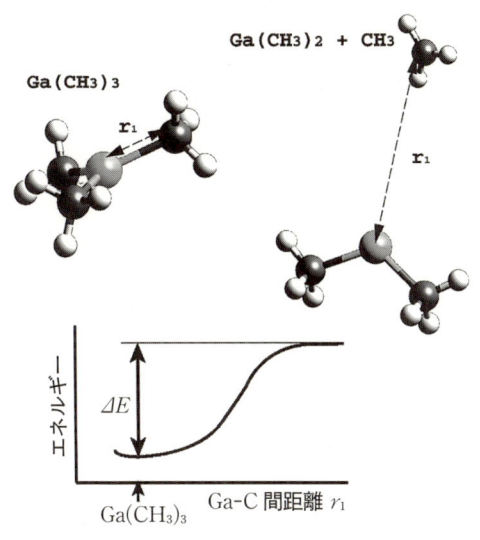

図2.12 TMGのラジカル分解過程

すことは非常に難しい。

この問題を解決したのは量子化学計算である[20]。トリメチルガリウム（TMG）の単独での熱分解過程は，次式で表されるようにGaとメチル基の結合が切れ，遊離基（ラジカル）[*9]が発生するラジカル分解であることが知られている。

$$Ga(CH_3)_3 \longrightarrow Ga(CH_3)_2 + CH_3 \tag{2.36}$$

この分解過程は，量子化学計算から簡単に調べられる。Gaussianプログラムを用いて計算した結果を，グラフィックで図2.12に示す。

原料TMGおよび分解生成物$Ga(CH_3)_2$とCH_3の構造は，構造パラメータ，たとえば，GaとCの結合長，CとHの結合長，Ga-C結合がなす結合角∠CGaCなどの全てのパラメータを，分子の全エネルギーが極小になるように最適化して決定している。TMGではGaと3個のCが同一平面上にあることがわかった。

次に，1個のメチル基をGaから少しずつ引き離すと，エネルギーがしだい

[*9] CH_3のように，不対電子をもつ化学種のことを遊離基（ラジカル）と呼ぶ。一般に，不安定で反応性が高いため，寿命が短い。

に上昇する。この時，引き離していくCとGaの距離r_1以外の構造パラメータはエネルギーが最も小さくなるように最適化する。r_1がさらに増加すると，系のエネルギーは$Ga(CH_3)_2$分子とCH_3分子のエネルギーの和に一致するようになり，反応が終状態に到達したことが分かる。終状態のエネルギーは始状態，すなわちTMGのエネルギーより約3.3eV高い。反応の途中にエネルギー障壁が存在しないので，この反応に必要なエネルギーは3.3 eVである。

次は，TMGが水素分子と反応しながら分解する過程を考える。

$$Ga(CH_3)_3 + H_2 \longrightarrow GaH(CH_3)_2 + CH_4 \qquad (2.37)$$

この反応では，水素分子がTMGのGa-C結合を攻撃し，1個の水素原子がGaに結合し，残りの1個の水素がCに結合して，$GaH(CH_3)_2$とCH_4に分解する。量子化学計算により，おのおのの原子がどのように移動して反応が進行するかを計算することができる。

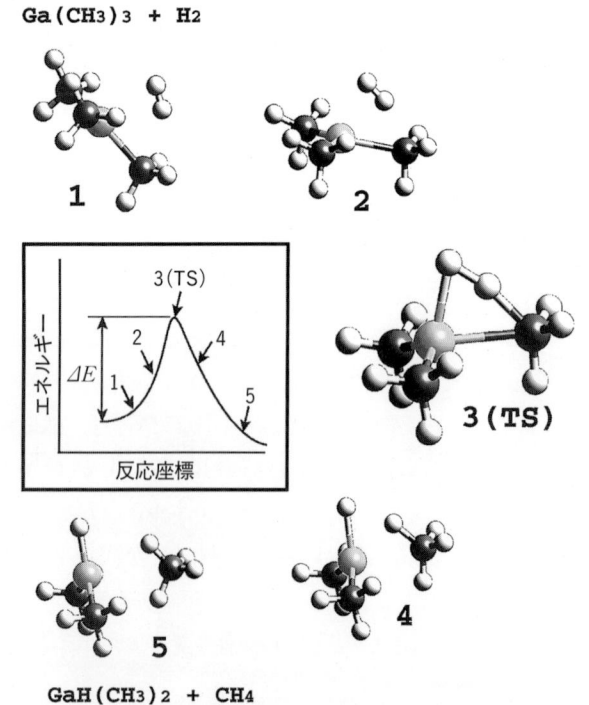

図2.13 TMGと水素分子が反応する様子

COLUMN　TMAとTMGの比較は難しい―量子化学計算の精度

　実験家の間では，Ga−C結合に比べAl−C結合の方が強いという認識がある。この問題は，量子化学計算から簡単に確かめられるように思えるが，意外に難しい。例えば，次の2個の反応エネルギーを計算してみる。

$$Ga(CH_3)_3 \longrightarrow Ga(CH_3)_2 + CH_3 \qquad (1)$$

$$Al(CH_3)_3 \longrightarrow Al(CH_3)_2 + CH_3 \qquad (2)$$

（1）は本文で述べたように約 3.3 eV，（2）も 3.3 から 3.4 eV で両者には誤差の範囲を越える差はみられない。

　本文ではこれまでエネルギー差を議論してきたが，ここで全エネルギーそのものの数値を見てみよう。反応(1)と(2)に登場する各分子の全エネルギーを示す。全エネルギーとは，2.2節で述べたように，ばらばらの原子核と電子から分子を作った場合に，どのぐらい安定化するかを示すエネルギーである。

反応式（1）[20]		反応式（2）[21]	
分子構造	全エネルギー(ハートリー)	分子構造	全エネルギー(ハートリー)
$Ga(CH_3)_3$	−2040.87705	$Al(CH_3)_3$	−361.30446
$Ga(CH_3)_2$	−2001.09763	$Al(CH_3)_2$	−321.47498
CH_3	−39.64646	CH_3	−39.69753
$Ga(CH_3)_2+CH_3$	−2040.74409	$Al(CH_3)_2+CH_3$	−361.17251

量子化学計算そのものは非常に精度の高い計算で，収束条件が規定する有効数字は8桁から10桁である。しかし，$Ga(CH_3)_3$と$Ga(CH_3)_2+CH_3$の全エネルギーを比較するとすぐ分かるように，実際の化学反応は5桁目か6桁目の違いで起こっているのである。しかも，Ga を含む分子と Al を含む分子では，分子の全エネルギーが著しく異なるので，Ga 系の反応と Al 系の反応を直接比較するのが難しいことはすぐに納得できるであろう。さらに，一般に Ga を含む分子と Al を含む分子では，用いる基底関数系が異なっているので，ますます話が難しい。

　これに対し，本文で取り上げたように，TMGのラジカル分解(2.36)と，TMGと水素分子の反応(2.37)を比較する場合では，2個の反応式に登場する元素が共通（Ga，C，H）で，反応の仕方が異なっているのみである。量子化学計算はこのような問題を得意とする。以上の2例から，量子化学計算から情報を得るには，問題設定のしかたが重要であることが理解できよう。

図 2.13 は Gaussian プログラムを用いて計算した反応過程を示したもので，遠方から近づいてきた水素分子は，Ga と C のボンドに近づき，1個の水素原子が Ga とボンドを形成し，他の1個の水素は C とボンドを形成する．その結果，$GaH(CH_3)_2$ と CH_4 に分解する．図中 TS で示した状態が反応経路中のエネルギー鞍点，すなわち遷移状態である．この時のエネルギーが越えるべき反応障壁の高さに対応している．この反応では，約 1.5 eV であった．これは TMG 単独での分解エネルギーの約半分である．したがって，H_2 と TMG の衝突確率が高くなると，TMG が単独で分解する過程よりは，H_2 と反応して分解する過程の方が優勢になるので，平均として分解温度が低下することが理解できる．

TMA に関しても，同様に，ラジカル分解エネルギーに比べ，水素分子との反応エネルギーは約 1/2 程度に小さいことが示されている[21]．これらの結果から，キャリアガスは TMG や TMA と反応し，Ga や Al に結合しているメチル基が水素に置き換わることが分かった．

2.3.2 有機Ⅲ族原料と原子状水素の反応―V/Ⅲ比の謎

GaAs などⅢ―Ⅴ族化合物半導体の MOCVD 成長では，Ⅲ族原料に対するⅤ族原料の比率V/Ⅲ比，が膜質を支配する重要なパラメータである．多くの場合でV/Ⅲ～10，すなわち，Ⅴ族をⅢ族に対して 10 倍程度多く供給する．Al を含む GaAlAs などの成長では，V/Ⅲ比を下げると，成長膜に混入する炭素の量が増加し，膜質の低下を招く．したがって，本来，結晶を成長するのに必要なⅤ族原料とⅢ族原料のモル比率は 1:1 であるにもかかわらず，結晶に取り込まれる量の何倍ものⅤ族原料を供給する必要があり，原料利用効率が悪く問題になっている．

V/Ⅲ比と C 混入の関連を調べるためには，まず，水素化Ⅴ族原料の熱分解過程を理解する必要があると考えられる．具体例として PH_3 の熱分解過程を検討しよう[3]．PH_3 分解反応の素過程として，可能な過程を列挙すると以下のようになる．

$$PH_3 \longrightarrow PH_2 + H \qquad (2.38)$$
$$PH_3 \longrightarrow PH[\text{I}] + H_2 \qquad (2.39)$$

$$PH_3 \longrightarrow P[II] + H_2 + H \tag{2.40}$$

ここで，PH[I]のように[ ]の中に記載してあるのはスピン多重度である。PHには，スピン三重項PH[III]とスピン一重項PH[I]の2種類のスピン状態が存在する。分子軌道計算によると，三重項PH[III]のエネルギーの方が低いので，こちらが基底状態である。しかし，一般に分子の化学反応ではスピンが保存されるため，一重項状態のPH_3が分解してPHとH_2になる場合は，まずは励起状態の一重項PHが発生すると考えるのが適当であろう。このようにスピン保存則を満足する範囲内での可能な分解過程は式(2.38)から(2.40)である。

図2.14の左端の図は反応の始状態（今の場合はPH_3）と終状態（各反応式の右辺にある2個あるいは3個の分子のエネルギーの総和）のエネルギー差を模式的にまとめた図である。式(2.38)の分解過程がエネルギー的に最も優位である。また，この分解過程について反応中のエネルギー変化を調べた結果，単調にエネルギーが増加するのみで，途中にエネルギー障壁が存在しないことが確認できた。したがって，PH_3の熱分解過程はPH_2とHへのラジカル分解であることが分かった。次に，PH_2の可能な分解過程を，スピン保存則を考慮して同じ手順で検討した結果，PHとHに分解し，さらにPHはPとHに分解することが分かった。また，PH_3から最初の1個のHが取れるのに必要なエネルギーに比べて，2個目のHが取れるのに必要なエネルギーの方が小さく，

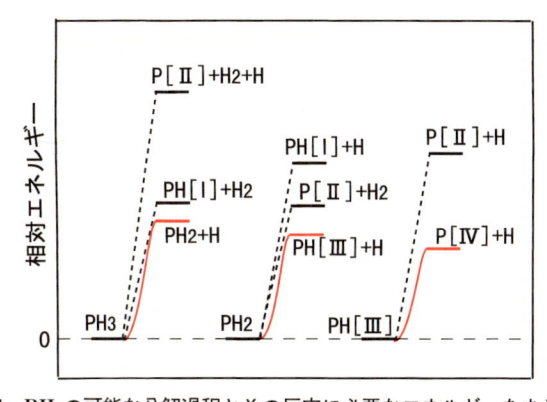

図2.14 PH_3の可能な分解過程とその反応に必要なエネルギーをまとめた図

3個目はさらに小さい.この結果から,最初の1個のHが放出されると,2個目3個目は比較的容易に放出されるので,PH_3などの水素化V族原料は原子状水素の放出源として作用すると予想される.

以上から,V/III比が高いことにより膜質が向上する効果は,原子状水素による効果である可能性が考えられる.そこで,次に,代表的な有機アルミニウム原料トリメチルアルミニウム(TMA)と原子状水素の反応を検討した.TMA単独での熱分解過程は,式(2.41)のようにAlとメチル基の結合が切れるラジカル分解であることが知られている.

$$Al(CH_3)_3 \longrightarrow Al(CH_3)_2 + CH_3 \tag{2.41}$$

原子状水素が存在すると,次の反応が起きる可能性が考えられる.

$$Al(CH_3)_3 + H \longrightarrow AlH(CH_3)_2 + CH_3 \tag{2.42}$$

$$Al(CH_3)_3 + H \longrightarrow Al(CH_3)_2 + CH_4 \tag{2.43}$$

式(2.42)は水素とメチル基が置き換わる置換反応,(2.43)は水素がメチル基を

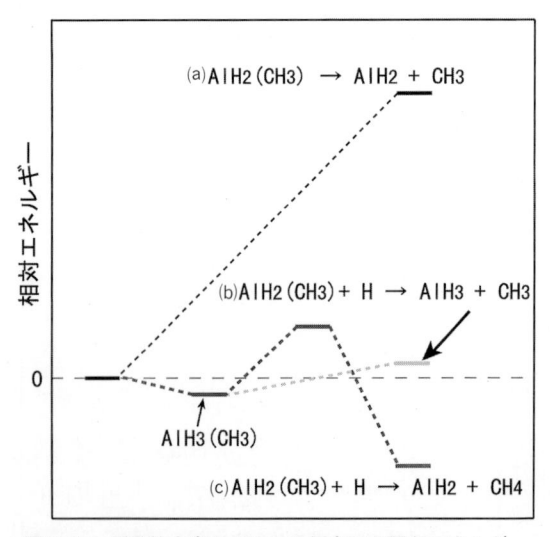

図2.15 原子状水素とTMAの反応に必要なエネルギー

反応に直接関係しないメチル基を,水素に置き換えたモデル反応について計算した.モデル化により,計算機の計算時間削減と同時に,反応の本質的な部分のみを抽出し,計算の見通しをよくすることが出来る.(a)はラジカル分解(2.41)のモデル反応,(b)は置換反応(2.42)のモデル反応,(c)は引き抜き反応(2.43)のモデル反応である.

引き抜いて，メタンが生成される引き抜き反応である。それぞれの反応に伴うポテンシャルエネルギー変化を調べた結果を図2.15に示す。TMA単独での熱分解に必要なエネルギーに比べ，水素原子による置換反応や引き抜き反応のエネルギーは非常に小さく，水素原子がTMAに衝突することにより，簡単にこれらの反応が引き起こされる事がわかる。

式(2.43)の引き抜き反応では，反対方向の反応には順方向の反応に比べかなり高い反応障壁が存在するので，いったん形成されたCH_4は再びAlと結合することなく成長炉から排気されると考えられる。以上から，原子状水素はAl-C結合を容易に切るので，原料Alに結合したまま成長膜に炭素が取り込まれる過程を抑制すると考えられる。

原子状水素は水素化V族原料の熱分解から発生すると予想したのであるが，もし何らかの方法で原子状水素を成長炉に供給できれば，全く同じ効果により膜質向上が期待できる。このように，問題のメカニズムを理解することにより，解決策のヒントを得ることも可能である。

2.3.3 有機III族原料のダイマー構造とその安定性—ALE実現に向けて

TMAやTMGは水素分子や水素原子と反応して，メチル基がHに置き換わり，$AlH(CH_3)_2$〔DMAH〕，あるいはDMGHに変化することが分かった。ところでDMAHを原料として用いると，従来のTMAを原料として用いた場合と膜成長の様子が異なることが知られている。TMAから気相反応を経て発生したDMAHと，原料として供給されるDMAHには何らかの差があることになる。TMAとDMAHは室温では2個の分子が結合してダイマーを形成することが知られている。ただし，一般にダイマー結合はごく弱いので，原料が成長炉に搬送される以前，あるいは，炉に送られたとしてもごく初期の段階で，モノマーに解離すると考えられていた。しかし，DMAHでは必ずしもそうはならないことが次の計算から示された[22]。

計算で得られたTMAとDMAHの構造を図2.16，2.17に示す。TMAダイマーでは，2個のTMAが弱く結合しているように見える。基準振動解析を行うことにより，赤外吸収スペクトルやラマンスペクトルが計算できる。TMAのダイマーとモノマーのスペクトルを示してあるが，ほとんど同じ周波

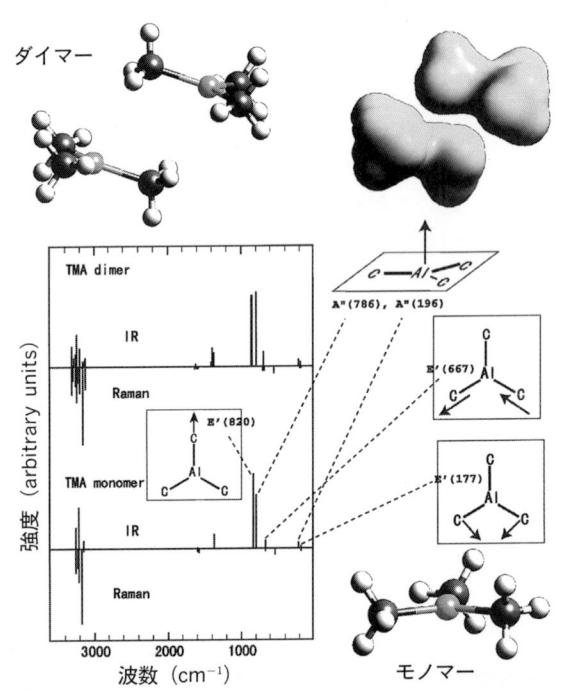

図 2.16 TMA のダイマーとモノマーの構造および基準振動
解析で得られた赤外吸収とラマンスペクトル

Al と 3 個の C が同一平面上にある。TMA について得られた 3 個の E モード（177, 667, 820 cm^{-1}）は Al と C の面内での（in-plane）変形に対応し，2 個の A″モード（196 と 786 cm^{-1}）は平面をゆがめるような面外への（out-of-plane）変形モードに対応している。TMA ダイマーでも，それぞれの近傍の周波数に類似のモードが得られている。

数にピークがあり，ダイマーとモノマーで原子の結合状態があまり変化していないことがわかる。

　次に DMAH についてモノマーとダイマーを比較してみよう。DMAH では Al と 2 個の C および Al に結合している H が同一平面上にある。他方 DMAH ダイマーでは，H が 2 個の Al 原子を橋渡しし，モノマーでは 3 配位だった Al 原子が，ダイマーでは 4 配位に変化している。2 個の Al と Al を橋渡ししている 2 個の H は同一平面上にあり，菱形を作っている。DMAH ダイマーでは 2 個の DMAH がしっかり結合しているように見える。

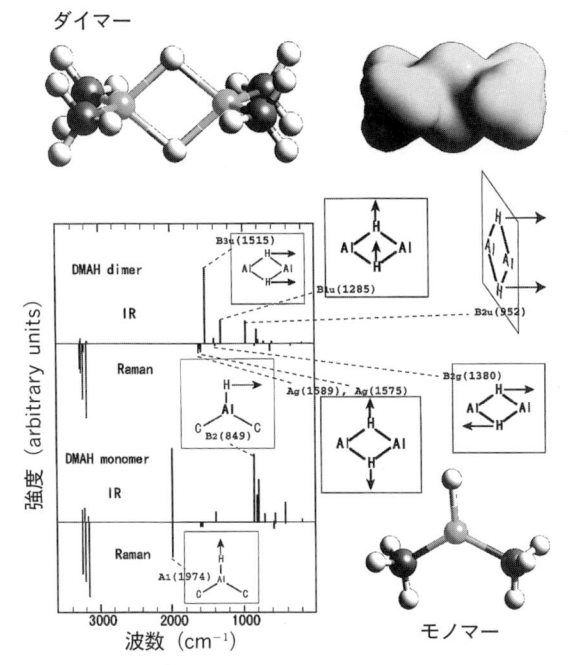

2.3 表面での水素と有機原料の反応

図 2.17 AlH(CH$_3$)$_2$（DMAH）のダイマーとモノマーの構造，および基準振動解析で得られた赤外吸収とラマンスペクトル

DMAH モノマーで強い赤外吸収およびラマン強度を与える，A$_1$モード（1974 cm^{-1}）は Al-H 結合の伸縮振動に対応し，赤外活性の B$_2$モード（849 cm^{-1}）は AlC$_2$-H の面内での変形に対応している．ダイマーでは，これらの周波数付近に基準振動モードが存在していない．

ダイマーについて計算で得られた，強い赤外吸収ピークは 1515 cm^{-1}の B$_{3u}$モード，1285 cm^{-1}の B$_{1u}$モード，および，952 cm^{-1}の B$_{2u}$モードで，高周波数側の 2 個のピークは Al-H$_2$-Al 菱形の面内での変形に対応し，低周波数側の 1 個はその平面をゆがめるような out-of-plane 変形モードである．また，ラマン活性な A$_g$（1589, 1575 cm^{-1}）と B$_{2g}$（1380 cm^{-1}）モードは 2 個の Al を橋渡ししている H 原子の移動に対応している．

DMAH ダイマーとモノマーについて，計算で得られた振動モードを図 2.17 にグラフィック表示してある．ダイマーとモノマーでは，赤外吸収やラマンピークの位置が互いに異なっていることがわかる．このことは，モノマーとダイマーでは結合状態が大きく変化していることを示している．

以上の結果から，TMA ではダイマー結合が弱いが，DMAH では強いと予想される．実際にダイマーをモノマーに解離するのに必要なエネルギーを計算すると，TMA ではわずか 0.2 eV なのに対し，DMAH では 1.4 eV であっ

た．したがって，TMA を原料に用いた場合には，成長炉に供給されるのは TMA モノマーであるが，DMAH を原料に用いた場合には，原料として成長炉に供給されるのは，DMAH ダイマー $Al_2H_2(CH_3)_4$ 分子である．

ところで，TMA や DMAH モノマー中の Al 原子は，3 配位の sp^2 混成軌道状態をとっているので，Al 原子には空の p 軌道が存在している．そのため，他の分子と反応しやすい．また，例えば $Al(CH_3)_3$ — AsH_3 のように，他の分子と分子同士の結合を作って（この状態はアダクトと呼ばれる），いっそう安定な状態になろうとする．他方，DMAH ダイマー中の Al 原子は 4 配位で，sp^3 混成軌道すべてに電子が詰まって安定化している．したがって，DMAH ダイマーは，反応性が低く，またアダクトを形成しにくい．以上のことから，DMAH を原料に用いると，反応性が低いダイマーの形で，成長炉に供給されるので，モノマーで供給される TMA とは気相反応や表面反応の様子が異なっていると予想される．

その典型的な例は，TMA を原料に用いた場合には実現できなかった AlAs の原子層制御結晶成長（キーワード参照）に，DMAH を原料に用いることにより成功したことであろう．従来，一般的に用いられていた TMA で ALE 成長を試みると，As 層に関しては自己停止機構が働くが，Al 層に関しては，自己停止機構が働かなかった．すなわち，Al の上に Al が堆積してしまうため，Al の単原子膜が得られなかったのが問題点である．ALE では，気相で原料が分解しないよう気相温度を低く押さえ，表面反応のみで成長が進行するように条件設定している．したがって，原料として DMAH を用いると，高い確率で DMAH ダイマーが基板表面に到達すると予想される．DMAH ダイマーは上で述べたような理由で，反応性が低いので，Al 面には結合しないで脱離できると推測するのは容易である．他方，TMA を原料に用いた場合，たとえキャリアガス水素と反応して，DMAH が発生しても，2 個の DMAH が衝突してダイマーになる確率は低いと考えられ，原料に DMAH を用いた場合とは全く異なった反応過程を経ることになる．

本節では，水素に着目して，量子化学計算が CVD 成長中の気相反応解析にどのように利用されているかを述べてきた．有効な情報を引き出すためには，計算すべき問題の設定が重要であることを理解いただけたと思う．

KEYWORD 原子層制御結晶成長（ALE）

原子層制御結晶成長（ALE, Atomic Layer Epitaxy）は，1原子層ごとに制御して結晶成長する方法である[23]。たとえば，GaAs の成長では，Ga の原子層を1層成長したのちに，As 原子層を1層成長するので，得られた成長膜は，1原子層レベルで真に平坦である。また，Ⅲ族原子層として Ga 層 Al 層を交互に形成することにより，Ga/As/Al/As/Ga/As のような人工的な超構造が実現可能になる。

ALE の特長は「成長の自己停止機構」である。GaAs の ALE では，基板に Ga 原料ガス（TMG）と As 原料ガス（AsH_3）を交互に供給する。Ga 層を成長するときには，表面に露出した As 原子上にのみに Ga が結合し，Ga の上に Ga は成長しない。したがって，Ga の原子層が1層成長したところで成長が停止する。これが自己停止機構である。成長が停止した段階で，TMG を排気し，次に AsH_3 ガスを供給すると，As 原子層が1層成長する。As 層を1層成長して停止させるのは比較的簡単であるが，Ga は複数層積層してしまい，1層で停止させるのが難しい。特定の基板温度領域のみで，Ga 層の自己停止機構が実現できる。そのメカニズムに関して，いくつかのモデルが提案されているが未だにはっきりとした解は得られていない。

2.4 水素の反応と CVD 成長

薄膜成長を議論する際に，原料分子が表面と結合を作る表面反応が重要なのは言うまでもない。一般に，半導体の成長表面は，結晶を切断して生じる断面とは異なった複雑な構造をとるが，最近，そのメカニズムが明らかになってきた。これにより，成長表面をより現実に即し，かつ，量子化学計算に使えるようにモデル化することが可能になった。量子化学計算による表面反応解析は，今後，飛躍的な進歩が期待される。

2.4.1 半導体表面のクラスターモデル

表面反応を計算するためには，表面をどのようにしてモデル化するのかが重要である。一般に，量子化学計算ではクラスターモデルを用いる。具体例として，シリコン単結晶を考える。

シリコンには価電子が4個あり，4個の共有結合の手を持っている。1個の

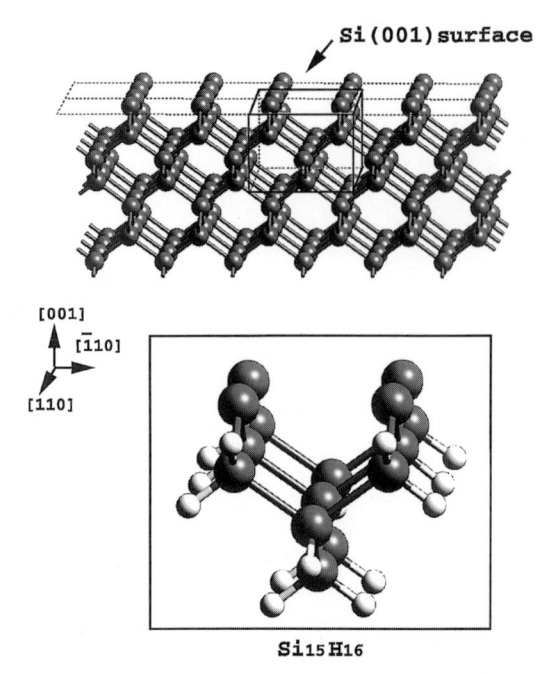

図 2.18
Si(001)表面とクラスターモデル

シリコン原子は周囲4個のシリコン原子と共有結合を形成し、ダイヤモンド構造になる。図2.18に(001)面が示してある。表面原子を4個含むような表面をクラスターモデル化した例が$Si_{15}H_{16}$クラスターである。クラスターには表面第2層目のシリコン原子が6個、第3層目のシリコン原子が3個、第4層目のシリコン原子が2個含まれている。また、無限に続く結晶内部の結合を切断することにより、クラスターの端に位置するシリコン原子には、ダングリングボンドが発生する。これは、本来の結晶では存在してはならないものである。このダングリングボンドを終端するために、仮想的に、水素が結合していると考える。

シリコン(001)面をモデル化するためのクラスターのつくりかたは、無限に存在する。考える表面原子の数や深さ方向の原子層数を大きくするほど、より精度よく表面をモデル化できる。しかし、2.2節で述べたように、分子軌道計算に要する計算時間は用いる基底関数の数の4乗に比例するので、大きいクラスターで表面反応を計算することは現実的でない。したがって、クラスターサ

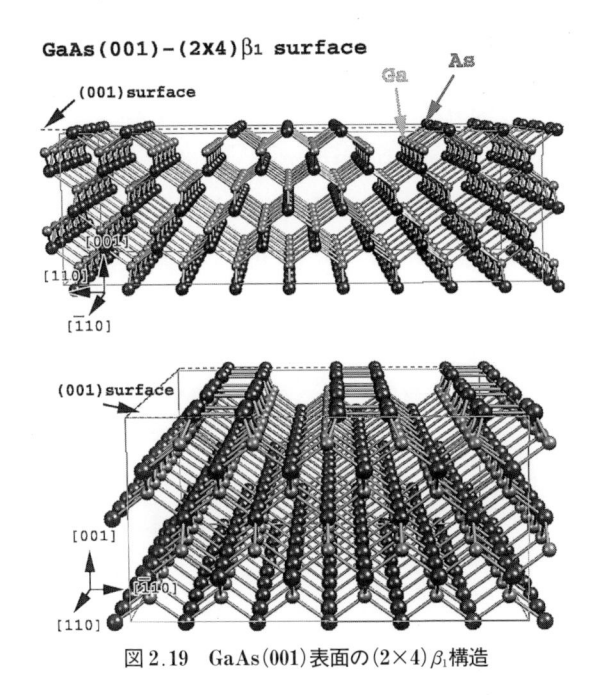

2.4 水素の反応とCVD成長

図2.19 GaAs(001)表面の(2×4)β_1構造

イズを小さくすることにより,どの程度の誤差が発生するかを見積もることが重要である。一般に,表面の化学反応は局所的な電子状態に依存すると考えられている。シリコン表面では,表面原子の数,たとえば,(2×2)の広さに含まれる4個のSi原子を考えることを一旦決めてしまえば,深さ方向の原子層数や2層目以降の各層に含まれる原子数を増やしたより大型のクラスターで表面反応を計算しても,本質的に大きな差はないと考えるのが一般的である。また,表面原子を何個考慮するかは,次に述べる表面再構成構造に密接に関係する。

GaAsなど化合物半導体の表面をクラスターでモデル化するのは,シリコン表面のように単純ではない。その準備として,表面を考える前に,まず化合物における共有結合を考えよう。III-V族化合物半導体GaAsは閃亜鉛鉱構造で,シリコンに似た構造である。Ga原子は周囲4個のAs原子とGa-As共有結合で結ばれ,As原子は周囲4個のGa原子とAs-Ga結合で結ばれている。ただし,Si-Si共有結合では,1個の共有結合について,2個のSiがそれぞれ1個

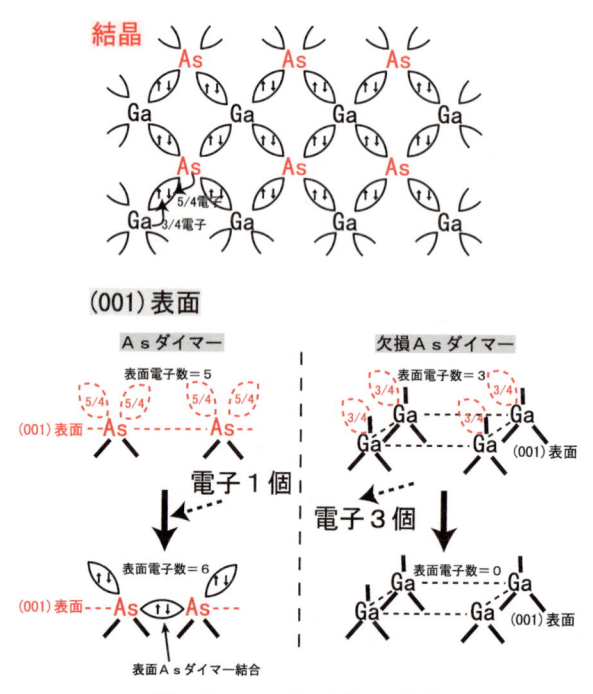

図 2.20 GaAs(001) 表面の構造

ずつ電子を供給していたが，Ga-As 結合では，1 個の結合について Ga 原子は平均として電子を 3/4 個，As は 5/4 個供給している。

では，本題の GaAs の表面に移ろう．表面と言うと，結晶を切断して得られる断面を想像するが，実際には，このような単純な表面構造は安定には存在しない．欠陥のない"理想的"な表面でも複雑な表面構造を持っている．GaAs (001) 面では図 2.19 に示すような，(2×4)β1 構造が古くから知られている．表面最上層にある As 原子は [$\bar{1}10$] 方向に隣り合う 2 個が 1 組になり，「ダイマー」を形成している．ダイマーが [110] 方向に 3 個並び，4 個目のダイマーは欠けて（欠損 As ダイマー），第 2 層目の Ga 原子が露出している．3 個並び 1 個欠けての繰り返しである．ダイマー 1 個が (2×1) 構造，さらにダイマー 4 個分で一組なので (2×4) 構造と呼ばれる．このような構造が安定に存在する理由は，表面のダングリングボンドの数と電子の数から説明されている．

表面の As 原子には，共有結合の相手がいない"表面ダングリングボンド"

が2個存在する。上で述べたように，GaAs中のAs原子は1個の共有結合につき平均で5/4個の電子を供給しているので，ダングリングボンド1個につき，不安定な電子が5/4個あることになる。表面As原子2個では，ダングリングボンド4個，したがって，これに関係する不安定な電子が$(5/4) \times 4 = 5$個存在することになる。これらを安定化するため，実際の表面では他の領域から電子が1個流れ込んできて，図2.20のような安定な構造になる。それぞれの表面Asに局在した2組の孤立電子対と1個のAsダイマー共有結合が形成され，合計6個の電子がうまく収まっている。次に，欠損Asダイマーに注目する。Asダイマーが1個欠損すると，その下の4個のGa原子はこれまでそれぞれ4個のAsと結合していたのが，それぞれ3個のAsとしか結合できなくなり，Ga原子1個につき1個のダングリングボンドが形成される。Gaではダングリングボンド1個につき，平均で3/4個の電子が存在しているが，もしこの3/4個の電子をどこかに放出してしまえば，Gaは3価に変化して安定になる。欠損Asダイマーが1個あると，合計$(3/4) \times 4 = 3$個の電子を放出できる。すなわち，欠損Asダイマー1個が3個の電子を放出し，3個のAsダイマーが合計3個の電子を受け取ることにより，安定な(2×4)表面構造が出来上がっている[*10]。

以上を踏まえて，GaAs(001)表面のAsダイマー1個をクラスターモデル化することを考えよう。比較のために，$Ga_4As_4H_{12}$クラスターと$Ga_7As_8H_{19}$クラスターの2種類を考える。

すでに述べたシリコン(001)の場合から類推すると，これらのクラスターを用いて計算した2個の表面As原子の構造や電子状態は，ほぼ同じ結果を与えると予想される。しかし，実際にはこれらのクラスターを計算して得られた"安定な表面状態"は，互いに大きく異なっている。小さい方の$Ga_4As_4H_{12}$クラスターでは，表面2個のAs原子は互いに近づいて表面ダイマーを形成するが，その結合は二重結合である。他方，大きい方の$Ga_7As_8H_{19}$クラスターでは，表面2個のAs原子は一重結合のダイマーを形成した[25]。したがって，As

---

*10 この考え方をエレクトロンカウンティングモデルと呼ぶ[24]。GaAs(001)面はここで取り上げた$(2 \times 4) \beta 1$構造の他にもいろいろな構造をとることが知られているが，これらの構造のほとんどは，エレクトロンカウンティングモデルを満足している。詳細は本書の3章に述べる。

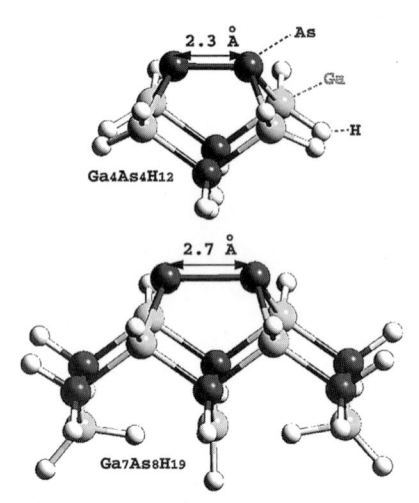

図 2.21　2 種類のクラスターで表面 As ダイマーを計算した結果

-As のダイマー結合長は小さいクラスターの方が短くなっている。表面反応を計算する際にその出発点になる表面の As ダイマーが一重結合か二重結合であるかは大きな問題である。すでに述べたように，GaAs 表面の As ダイマーは一重結合でなければならない。

　なぜ，このような差異が生じたかは，これらのクラスターを詳細に検討することにより解決可能である。クラスター端の Ga 原子については，Ga-As 結合を Ga-H 結合に置き換えている。As 原子は 1 個の共有結合に対して 5/4 個電子を供給していたが，H 原子は Ga-H 結合に対して 1 個しか電子を供給しない。クラスター端の Ga-As 結合の As を H に置き換えると，電子が 1/4 個不足する。反対にクラスターの端の As 原子について，As-Ga 結合の Ga を H に置き換えると，もともと 3/4 個しか電子を供給していなかった Ga が 1 個供給する H に置き換わるのであるから，電子が 1/4 余分になる。$Ga_4As_4H_{12}$ クラスターには，Ga-H 結合が 8 個，As-H 結合が 4 個あるから，全体として，電子が 1 個不足する。これを，「クラスター化による電子数誤差」と呼ぶことにする。ここで，表面 As ダイマーに話を戻す。すでに詳しく述べたように，表面 As ダイマーには，他から電子が 1 個流れ込んで来なければならないのに，クラスター化による電子数誤差の 1 個不足が加わり，合計 2 個不足で 4 個

の電子しか存在しない。これらの 4 個の電子は，表面 As が二重結合を作ることで安定化していたのである。

では，大きい方の $Ga_7As_8H_{19}$ クラスターではどうだろうか。このクラスターには，As-Ga を置き換えた As-H 結合が 10 個ある。これにより，$(1/4) \times 10 = 5/2$ 個の電子が過剰になる。さらに，3 個の共有結合の手しか持たない，3 配位 Ga 原子が 1 個ある。3 配位の Ga は，4 個の共有結合を作っている他の Ga 原子とは異なり，共有結合 1 個に対し 1 個の電子を供給しているので，ボンド 1 個につき 1/4 個電子が余分になる。3 配位 Ga と As との結合が 2 個あるので，$(1/4) \times 2 = 1/2$ 個の電子が過剰になる。他方，Ga-As 結合を置き換えた Ga-H 結合が 8 個あるので，$(1/4) \times 8 = 2$ 個不足する。合計で $(5/2) + (1/2) - 2 = 1$ で，クラスター化による電子数誤差は +1 個である。偶然にもこの誤差が，ちょうど As ダイマーに流れ込んできた 1 個の電子の役目をすることになり，現実の表面 As ダイマーをうまく再現しているのである。

以上詳しく述べたように，GaAs のような化合物の表面をクラスターモデル化する時は，クラスター端に仮想的に導入した水素は全体の電子数に思わぬ影響を与え，現実からかけ離れたモデル化を行う危険性があることに注意しなければならない。ただし，すでに述べたようにクラスターが大きくなると計算量が膨大になるので，実際のところ，なるべくクラスターは小さくしたい。小型

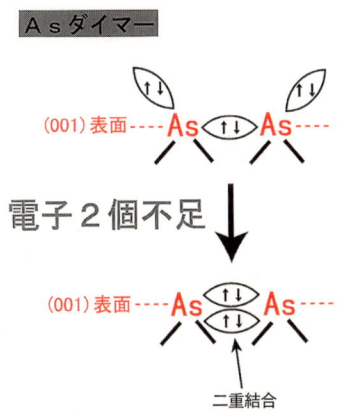

図 2.22 $Ga_4As_4H_{12}$ クラスターではダイマー結合が二重結合になる理由

のクラスター，$Ga_4As_4H_{12}$では電子が2個不足していたのだから，電子を仮想的に2個加え，-2価のイオン化クラスターを用いたらどうだろうか。答は可である。実際に，$Ga_4As_4H_{12}^{-2}$クラスターを用いると，大型のクラスターと同じように一重結合の表面Asダイマーを再現できた。

クラスターモデルにより，より長い周期の表面再構成構造をどの程度再現できるかは興味深い問題である。現在のところ，GaAsでは$(2\times4)\beta 1$構造がクラスターモデルで再現できることが確認されている[26]。

量子化学手法では，1個の原子から分子，さらには結晶表面へと，小から大を組み立てていく方法を採用している。他方，次章で述べるバンド計算手法では，無限の結晶から一部を切り取る方法である。これら互いに異なるアプローチの手法が，表面構造に関して全く同じ計算結果を与えていることは大変興味深い。今後，これらの手法を相補的に利用することにより，表面構造や表面反応の理解がいっそう進むであろう。

2.4.2 表面水素とSi-CVD成長

GaAsのMOCVD成長では，キャリアガスとして利用される水素分子や原料ガス自身が表面近傍で熱分解することにより発生する原子状水素が，原料の熱分解過程に影響を与え，成長する膜の膜質に大きな影響を与えることを述べた。最近，水素は原料の熱分解過程のみならず，成長表面に結合することにより表面の反応性を支配していることが明らかになってきた。この問題は水素化Siを原料に用いるSi-CVDで，現在研究が盛んに進められている[27]。

Si-CVDでは水素化シリコン原料としてシランSiH_4，ジシランSi_2H_6が用いられ，これらの原料分子は基板表面に到達するまでに，他の分子と衝突することがないような条件で，すなわち高真空（低蒸気圧）の条件で供給される場合が多い。この場合，原料分子は表面に到達するまでの間に，基板や周囲から熱エネルギーを受け取って熱分解することがなく，直接表面と反応して膜成長が進行する[*11]。

[*11] この成長方法では，気相では原料分子の熱分解や反応が起きず，表面反応のみで膜成長が進行する。そこで，気相で原料分子の分解反応が起きるCVDと区別して，超高真空（UHV）-CVD，あるいは，ガスソースMBEと呼ぶことがある。

2.4 水素の反応とCVD成長

ダイハイドライド構造

```
      H H   H H
      | |   | |
···—— Si    Si ——···
```

モノハイドライド構造

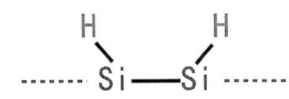

```
       H      H
       |      |
···—— Si ——— Si ——···
```

清浄表面

```
···—— Si ——— Si ——···
```

図 2.23 水素終端 Si(001) 表面の構造

Si-CVD では原料分子に水素が含まれているので，成長表面にも水素が結合している。そこで，膜成長の話をする前に，水素が結合している表面，水素終端表面について述べておこう。Si(001) 面の表面原子には原子1個につき2個のダングリングボンドが存在する。したがって，水素は1個の表面シリコンにつき最大2個まで結合可能である。図 2.23 に水素終端 Si(001) 表面の構造を示す。

1個のシリコンに2個水素が結合した状態をダイハイドライド構造，1個のシリコンに水素が1個結合した構造をモノハイドライド構造と呼ぶ。モノハイドライド構造では，シリコン2個が1組になったモノハイドライドダイマーを形成する。この構造では，表面シリコン1個につき2個存在するダングリングボンドのうち，1個がダイマーボンドを形成し，残りの1個に水素が結合している。

ここで，表面シリコンに平均して何個の水素が結合しているかを，水素の被覆率で表すことにする。すなわち，平均として表面シリコン1個につき1個の水素が結合している場合，被覆率1と定義する。室温程度の低温では，表面 Si の多くはダイハイドライド構造になっているので[*12]，水素被覆率は2に近い値になる。シリコン基板の温度を上げていくと，水素は表面から脱離し，水素被覆率が低下する。途中，被覆率1，すなわち大部分の表面シリコンがモノハイドライドダイマーを形成した状態を経て，高温ではすべての水素が脱離し，被覆率ゼロになる[*13]（脚注13は次頁記載）。

では，結晶成長に話をもどそう。水素化シリコン原料を供給し，シリコン基

[*12] (001) 面のすべての Si 原子がダイハイドライド構造になると，表面の水素原子密度が高くなり，水素原子間の反発力で不安定になる。そこで，実際には，ダイハイドライド Si が2個並び，次にモノハイドライド Si が1個並んだ (3×1) 構造など，さまざまな長周期構造をとることが知られている。

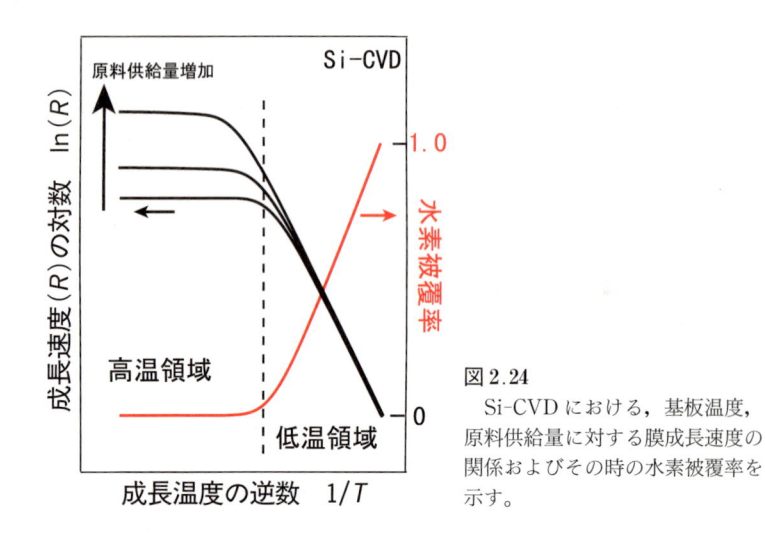

図2.24
Si-CVDにおける，基板温度，原料供給量に対する膜成長速度の関係およびその時の水素被覆率を示す．

板の温度を上げると結晶成長が開始する．成長が起きるのは，水素被覆率が1以下の領域と考えられている．

図2.24に，基板温度と原料の供給速度を変えたとき，膜成長速度がどのように変化するかを模式的に示した．水素被覆率が1からゼロの間の領域（低温領域）と，ゼロの領域（高温領域）では成長の様子が異なっていることが分かる．水素被覆率がゼロの高温領域では，原料の供給速度を増やすと膜成長速度も増加する．成長表面に供給された原料が，直ちに表面に取り込まれるためで，原料の供給量が膜成長速度を支配している"供給律速"であることを示している．他方，水素被覆率が1からゼロの低温領域では，膜成長速度は原料の供給量に無関係である．アレニウスプロットからは1種類の活性化エネルギー E_0 が得られることから，何らかの反応が膜成長を支配している"反応律速"

---

*13 水素終端表面から，水素は2個一組になって水素分子を形成して脱離する．この現象のミクロな機構は，実験理論両面から盛んに研究され，さまざまなモデルが提案されているが，未だに解明されていない．被覆率が2に近い領域では，1個のダイハイドライドシリコンに結合している2個の水素原子が水素分子を形成して脱離するという説と，隣接する2個のダイハイドライドシリコンから1個ずつ水素が取れて水素分子を形成するという説がある．また，水素被覆率が1近傍での脱離過程に関してもいろいろな説がある．代表的なものは，同一のモノハイドライドダイマーに属する2個の水素や，隣接するモノハイドライドダイマーに属する2個の水素原子が結合して水素分子を形成するという説．水素が表面を移動するうちに，ダイハイドライド構造が形成され，ここから水素分子として脱離するという説などである．

であることが分かる。さらに，E_0の値はモノハイドライド状態からの水素脱離の活性化エネルギーにほぼ等しいことから，低温領域では水素の脱離が膜成長を支配していると考えられている。すなわち，水素被覆率が1以上では，表面にダングリングボンドが存在しないので，原料分子は表面に到達しても，表面と結合を作れずすぐに脱離してしまう。水素被覆率が1以下になると，水素が結合していない裸のシリコンが一定の割合で存在するようになる。裸のシリコンにはダングリングボンドが存在するので，原料分子はこのサイトに化学吸着することができる。これがきっかけで結晶成長が進行すると考えられている。

図2.25は，水素終端表面上に形成された，裸のシリコンとシラン分子の反応の様子を計算した例である[28]。水素被覆率が1から少し減少した(001)表面上には，モノハイドライドダイマーに隣接して，裸のシリコンが所々に形成されていると推測される。この構造を3個の表面シリコンを含むクラスターでモ

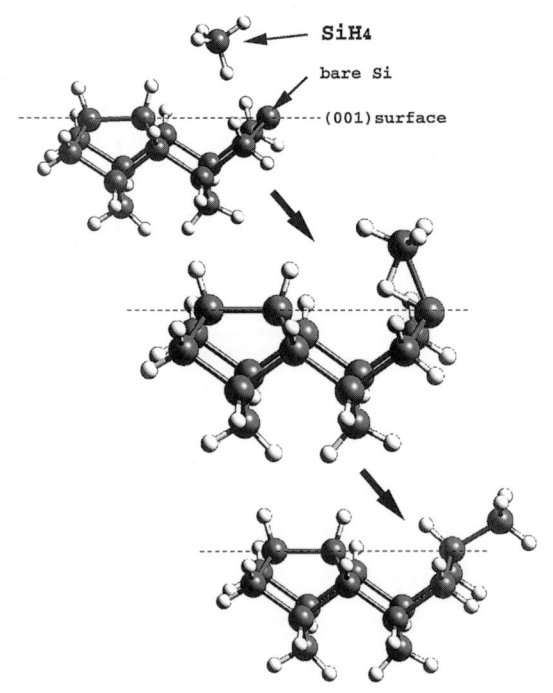

図2.25 原料分子SiH_4が表面に結合する様子

デル化した。シラン SiH_4 が裸のシリコンに近づくと,シラン分子中のシリコンは5配位構造をとり,表面の裸のシリコンと結合を作った後,HとSiH_3に分解して,表面に結合する。この反応のポテンシャル障壁はわずか 0.3 eV なので,今問題にしているような結晶成長温度では,直ちに進行することが分かった。

水素被覆率がさらに減少し,表面に裸のシリコンダイマーが形成された場合も,同程度の小さなエネルギーで,SiH_4 は SiH_3 とHに分解して,それぞれ別々の表面シリコンに結合することが示されている[29]。もちろん,平坦な薄膜がエピタキシャル成長するためには,吸着原子は表面を移動し,ステップ端やキンクなどの安定位置に収まらなければならない。現在第一原理計算により,この問題も解明されつつある。

おわりに

CVDは,生産現場で実際に利用されている薄膜成長方法のひとつであり,実用に至るまでには膨大な量の実験データが蓄積されてきた。しかし,成長メカニズムには未知の部分が数多く残されていて,現在でも,思わぬ所から問題が発生する。また,原料ガスには毒性や爆発性があり,安全や環境問題の面から,新原料探索やより効率的な成長条件設定,さらには新成長方法の開発が課題である。この時に,シミュレーション技術をうまく利用して,解決や開発の方向を探り当てたり,実験データの蓄積作業を省くことが,今後ますます重要になるのは誰もが認めるところである。

量子化学計算は,もともと分子を対象に発達してきた理論で,結晶成長全体をシミュレートすることは出来ない。が,ある化学反応素過程を,経験パラメータを用いずに精密に予測できる計算手法であることはご理解いただけたと思う。したがって,ポイントを絞ってうまく利用すると強力な武器になり得る。しかも,もし分子軌道計算をやってみたいと思ったら,良くできたパッケージソフトを簡単に手に入れられる。スーパコンピュータが必要だったのは以前のことで,現在ではワークステーションやパーソナルコンピュータで実行可能である。読者の一人でも多くが,これらのソフトを実際に使ってみようと思いたち,また,本章がその際の手助けとなれば幸いである。

付録 A. 水素様原子の波動関数 (動径部分と角部分)

動径部分　　$R_{nl}(r)$

$$R_{10}(r) = Z^{\frac{3}{2}} \cdot 2 \exp(-Zr)$$

$$R_{20}(r) = \left(\frac{Z}{2}\right)^{\frac{3}{2}} (2 - Zr) \exp\left(-\frac{Zr}{2}\right)$$

$$R_{21}(r) = \left(\frac{Z}{2}\right)^{\frac{3}{2}} \left(\frac{Zr}{\sqrt{3}}\right) \exp\left(-\frac{Zr}{2}\right)$$

$$R_{30}(r) = \frac{2}{81\sqrt{3}} Z^{\frac{3}{2}} (27 - 18Zr + 2Z^2 r^2) \exp\left(-\frac{Zr}{3}\right)$$

$$R_{31}(r) = \frac{4}{81\sqrt{6}} Z^{\frac{3}{2}} (6 - Zr) Zr \exp\left(-\frac{Zr}{3}\right)$$

$$R_{32}(r) = \frac{4}{81\sqrt{30}} Z^{\frac{3}{2}} (Zr)^2 \exp\left(-\frac{Zr}{3}\right)$$

角部分　　$Y_l^m(\theta, \phi)$

$$Y_0^0 = \sqrt{\frac{1}{4\pi}}$$

$$Y_1^0 = \sqrt{\frac{3}{4\pi}} \cos \theta$$

$$Y_1^{\pm 1} = \pm \left\{ -\sqrt{\frac{3}{8\pi}} \sin \theta \exp(\pm i\phi) \right\} \quad \text{あるいは} \quad \begin{cases} Y'_{1,1} = \sqrt{\dfrac{3}{4\pi}} \sin \theta \cos \phi \\ Y'_{1,-1} = \sqrt{\dfrac{3}{4\pi}} \sin \theta \sin \phi \end{cases}$$

$$Y_2^0 = \sqrt{\frac{5}{16\pi}} (3^2 \theta - 1)$$

$$Y_2^{\pm 1} = \pm \left\{ -\sqrt{\frac{15}{8\pi}} \sin \theta \cos \theta \exp(\pm i\phi) \right\}$$

あるいは $\begin{cases} Y'_{2,1} = \sqrt{\dfrac{15}{4\pi}} \sin \theta \cos \theta \cos \phi \\ Y'_{2,-1} = \sqrt{\dfrac{15}{4\pi}} \sin \theta \cos \theta \sin \phi \end{cases}$

$$Y_2^{\pm 2} = \sqrt{\frac{15}{32\pi}} \sin^2 \theta \exp(\pm 2i\phi)$$

あるいは $\begin{cases} Y'_{2,2} = \sqrt{\dfrac{15}{16\pi}} \sin^2 \theta (\cos^2 \phi - \sin^2 \phi) \\ Y'_{2,-2} = \sqrt{\dfrac{15}{4\pi}} \sin^2 \theta \sin \phi \cos \phi \end{cases}$

付録 B．水素様原子の波動関数 $(n=3)$

$$\chi_{3s} = \frac{1}{81\sqrt{3\pi}} Z^{\frac{3}{2}}(27 - 18Zr + 2Z^2r^2)\exp\left(-\frac{Zr}{3}\right)$$

$$\chi_{3px} = \frac{2}{81\sqrt{2\pi}} Z^{\frac{5}{2}}(6 - Zr)\exp\left(-\frac{Zr}{3}\right)x$$

$$\chi_{3py} = \frac{2}{81\sqrt{2\pi}} Z^{\frac{5}{2}}(6 - Zr)\exp\left(-\frac{Zr}{3}\right)y$$

$$\chi_{3pz} = \frac{2}{81\sqrt{2\pi}} Z^{\frac{5}{2}}(6 - Zr)\exp\left(-\frac{Zr}{3}\right)z$$

$$\chi_{3dz2-r2} = \frac{1}{81\sqrt{6\pi}} Z^{\frac{7}{2}}\exp\left(-\frac{Zr}{3}\right)(3z^2 - r^2)$$

$$\chi_{3dxy} = \frac{2}{81\sqrt{2\pi}} Z^{\frac{7}{2}}\exp\left(-\frac{Zr}{3}\right)xy$$

$$\chi_{3dyz} = \frac{2}{81\sqrt{2\pi}} Z^{\frac{7}{2}}\exp\left(-\frac{Zr}{3}\right)yz$$

$$\chi_{3dzx} = \frac{2}{81\sqrt{2\pi}} Z^{\frac{7}{2}}\exp\left(-\frac{Zr}{3}\right)zx$$

$$\chi_{3dx2-y2} = \frac{1}{81\sqrt{2\pi}} Z^{\frac{7}{2}}\exp\left(-\frac{Zr}{3}\right)(x^2 - y^2)$$

付録 C．ハートリーフォック方程式中の積分および積分演算子の具体的表式

$$J_j\psi(r_1) = \int \psi_j^*(r_2)\psi_j(r_2)\frac{1}{r_{12}}dr_2\psi(r_1)$$

$$K_j\psi(r_1) = \int \psi_j^*(r_2)\psi(r_2)\frac{1}{r_{12}}dr_2\psi_j(r_1)$$

$$H_i = \int \psi_i^*(r_1)h\psi_i(r_1)dr_1$$

$$J_{ij} = \int \psi_i^*(r_1)J_j\psi_i(r_1)dr_1 = \int \psi_i^*(r_1)\psi_i(r_1)\frac{1}{r_{12}}\psi_j^*(r_2)\psi_j(r_2)dr_1dr_2$$

$$K_{ij} = \int \psi_i^*(r_1)K_j\psi_i(r_1)dr_1 = \int \psi_i^*(r_1)\psi_j(r_1)\frac{1}{r_{12}}\psi_j^*(r_2)\psi_i(r_2)dr_1dr_2$$

文 献

1) 日本結晶成長学会編：結晶成長ハンドブック，第V編，共立出版（1995）．
2) 真下正夫・吉田政次編：薄膜工学ハンドブック，第3章，第5章，講談社（1998）．
3) Hiraoka, Y. S., Mashita, M., Tada, T., Yoshimura, R.：Ab initio molecular orbital study on thermal decomposition of tertiarybutylphosphine. *Appl. Surf. Sci.*, **60/61**, 246-250 (1992).
4) Mashita, M., Ishikawa, H., Izumiya, T., Hiraoka, Y. S.：Metalorganic chemical vapor deposition study using teriarybutylphosphine and tertiarybutylarsine for InAsGaP light-emitting diode fabrication. *Jpn. J. Appl. Phys.* **36**, 4230-4234 (1997).
5) より一般的な気相成長モデルに関しては，例えば，西永頌他：結晶成長の基礎，第2章，第3章，培風館（1997）．
6) 藤永茂：分子軌道法，岩波書店（1980）．
7) 入門書としては，藤永茂：入門分子軌道法，講談社（1990）．
8) 平易な入門書としては，慶伊富長・小野嘉夫：活性化エネルギー，共立出版（1985）．
9) アトキンス（千原秀昭・中村恒男訳）：アトキンス物理化学（第4版），第26章，第27章，第28章，東京化学同人（1993）．
10) Gaussianシリーズの最新版は，Frisch, M. J. *et al.*：Gaussian 98. Gaussian, Inc., Pittsburgh PA (1995). また Windows 95/98 NT用に Gaussian 98 Wがある．
11) 例えば，Gaussianプログラムの入出力インターフェイスとしては，Gauss View, Gaussian, Inc., AVS Chemistry Viewer, 株式会社ケイジーティー，Cerius 2 Gaussian Interface, Accelrysなどがある．
12) 例えば，メシア（小出昭一郎・田村二郎訳）：メシア量子力学，第13章，東京図書（1972）．
13) 多電子原子の基底状態での電子配置は，理化年表（丸善）などに記載されている．
14) 参考文献6)の第1章
15) 導出は大岩正芳：初等量子化学，第4章，化学同人（1965）．
16) サボ，オストランド（大野公男・阪井健男・望月祐志訳）：新しい量子化学

17) 例えば，米澤貞次郎・永井親義・加藤博史：量子化学入門（上・下）第3版，化学同人（1983）などの量子化学の専門書に詳しい．
18) この節全体に関しては，平岡佳子：CVDにおける量子化学反応素過程，日本結晶成長学会誌，**23**, 36-42 (1996)：薄膜成長の素過程—量子化学計算からのアプローチ—，表面科学，**19**, 201-207 (1998).
19) Mashita, M.：Reaction Mechanisms in the OMVPE Growth of GaAs and AlGaAs. *Jpn. J. Appl. Phys.*, **29**, 813-819 (1990).
20) Hiraoka, Y. S., Mashita, M.：Ab initio study on the reaction of trimethylgallium with hydrogen molecule. *J. Cryst. Growth*, **136**, 94-98 (1994).
21) Hiraoka, Y. S., Mashita, M., Tada, T., Yoshimura, R.：Ab initio molecular orbital study on the reaction of TMA with H_2. *J. Cryst. Growth*, **128**, 494-498 (1993).
22) Hiraoka, Y. S., Mashita, M.：Ab initio study on the dimer structures of trimethylaluminum and dimethylaluminumhydride. *J. Cryst. Growth*, **145**, 473-477 (1994).
23) 例えば，参考文献1）第V編2.8節．
24) Pashley, M. D.：Electron counting model and its application to island structures on molecular-beam epitaxy grown GaAs(001) and ZnSe(001). *Phys. Rev. B*, **40**, 10481-10487 (1989), 平易な説明は参考文献5）の7.2.2項．
25) Hiraoka, Y. S., Mashita, M.：Ab initio study on the As-stabilized surface structure in AlAs molecular beam epitaxy. *J. Cryst. Growth*, **150**, 163-167 (1995).
26) Hiraoka, Y. S.：Ab initio molecular orbital study on the As-stabilized GaAs (001)-(2×4) β1 surface. *Surf. Sci.*, **394**, 71-78 (1977).
27) 全般的な説明は，参考文献1）第V編3.1節，参考文献2）6.2節．
28) Hiraoka, Y. S.：Quantum chemical study of silane decomposition on hydrogen-terminated Si(001) surface. *Jpn. J. Appl. Phys.*, **38**, 2745-2746 (1999).
29) Jing, Z., Whitten, J. L.：Ab initio studies of silane decomposition on Si(100). *Phys. Rev. B*, **44**, 1741-1746 (1996).

coffee break　　分子の軌道って何？

　"分子軌道計算"，この言葉を初めて耳にした読者の方々は，どのような計算をイメージされたでしょうか？　筆者が所属する研究開発センターでは，いろいろな分野の研究開発が行われています。半導体関係以外の研究者から，突然次のような質問を受けることがあります。

「分子軌道計算というのを使うと，化学反応も計算できるというのは本当ですか？」
「はい，計算できます。プログラムもあります。」
「実は，管に，このガスとこのガスを流した時の反応を計算したいのですが，計算時間はどの位ですか？」
「そうですね。候補となる素過程をこの数個に絞って，1か月もあれば目処がたつと思います。」
「えー！何でそんなに計算時間がかかるんですか！」
「分子軌道計算は本質的に3次元問題ですので計算量が多くなります。」
「いいえ，管に流すので，1次元方向だけで十分です。」

　近頃は，この種のかみ合わない会話にもすっかり慣れてきました。ここまで会話が進むと，私は話の内容を切り換え，分子軌道計算の説明をすることにしています。彼はおそらく「分子軌道計算」を完全に誤解しているのです。「分子軌道」は「惑星軌道」とか「弾丸の軌道」のように，分子が動く軌道であると。

　「分子」も「軌道」も「計算」も，現代社会では慣れ親しんだ言葉ですね。この3個の単語の中では「分子」が比較的日常生活から離れ，専門用語としての性格が強いかもしれません。が，中学生になる我が家の子供たちは，すでに「分子」を習っているようです。ある時「分子軌道計算」を目にした子供たちが「分子って，いつも何かの周りをぐるぐる回っているの？」と聞いてきたのには絶句してしまいました。中学生にして，すでに「分子軌道」を間違えた意味に記憶してしまう危険性がある，「分子軌道」はそれほど誤解を招きやすい専門用語のようです。

　第2章を読んでいただいて，分子軌道計算（molecular orbital calculation）は電子の立場から分子を計算するための近似手法であることは理解いただけたと思います。例えば，水分子 H_2O は3個の原子核と10個の電子から構成されています。安

定な水分子では，10 個の電子が最も居心地よく落ち着くように，3 個の原子核が配置しているはずというのがそもそもの考え方なのです。

電子の振る舞いはシュレディンガー方程式で記述されます。これを解いて得られる水分子の電子状態は，10 個の電子の位置座標 r_1, r_2, r_3, …, r_{10} の関数 $\Psi(r_1, r_2, r_3, …, r_{10})$ です。しかし，現在どんなに高性能な計算機を用いても，直接 $\Psi(r_1, r_2, r_3, …, r_{10})$ を求めるのは不可能です。そこで，近似関数 $\Psi'(r_1, r_2, r_3, …, r_{10})$ を定義し，この近似関数は 1 電子関数の積であると仮定します。次に，近似関数 Ψ' が正確な関数 Ψ に可能な限り近づくように，1 電子関数 ϕ_1, ϕ_2, ϕ_3, …, ϕ_{10} を決めます。第 2 章を読まれた読者なら，厳密には，電子の位置座標の他にスピン座標も考慮する必要があること，近似関数として 1 電子関数の単純な積の代わりにスレーター行列式を用いることを覚えておられると思います。このとき用いた 1 電子状態関数 ϕ_1, ϕ_2, ϕ_3, …, ϕ_{10} は orbital function（軌道関数）と呼ばれます。原子を計算する場合の orbital function が atomic orbital, 分子に対する orbital function が molecular orbital と区別され，それぞれ，「原子軌道」，「分子軌道」と訳されました。どちらの場合も「軌道」上にあるのは電子ですし，また，元の英語は "orbit" ではなく "orbital" なので，本来は「軌道のようなもの」と訳されるべきだったのでしょう。"orbit" は古典的なイメージから出発したものです。量子力学の世界では，電子に軌道は存在しないことに注意してください。

実際の *ab initio* 分子軌道計算では，適当な既知の「基底関数」を導入し，なるべく沢山の基底関数の 1 次結合として最適な軌道関数 ϕ を近似します。したがって，軌道という古典イメージはますます薄れ，数学上の便宜的取り扱いとしての意味合いが強くなっています。以上から，分子軌道法は，「分子の中の電子が占める軌道のようなもの」を計算して，分子がどの位安定なのかを見積もる近似方法とでも言えば，わかりやすいでしょう。

3 エピタキシャル成長への量子論的アプローチ

表面近傍での化学反応を利用したCVD成長に加えて，分子線エピタキシー法（MBE）も半導体単結晶薄膜成長には欠かすことのできない成長技術である．本章ではMBE成長を対象に量子物理計算からのアプローチを紹介する．具体的には，GaAs表面における原子の振る舞い，さらにはGaAsエピタキシャル成長過程を，表面における電子の再配置の観点から解釈する．

はじめに

エピタキシャル（epitaxial）成長の名詞形であるエピタキシー（epitaxy）は，epiとtaxyを合わせたものであり，epiはon, uponを, taxyはarrange, orderをそれぞれ意味する．すなわち，エピタキシーは適当な基板の上に結晶軸をそろえて結晶を成長させることを意味している．このエピタキシャル成長は，表面を舞台にして進行する．表面に飛来した原子は，表面上を移動しながら，安定な位置に収まっていく．これらの原子が集合したものが結晶核となり，やがて表面を覆い薄膜結晶を形成していくことになる．エピタキシャル成長の舞台となる表面は，表面再構成の結果として多様な原子配列をもっていることは良く知られている．例えば，本章でこの後取り上げるGaAsの(001)表面の原子配列（図3.4）を見れば，原子レベルでの凹凸をもつ複雑な表面であることが分かるであろう．これに加えて，その表面には結合に寄与していない多数の未結合手（ダングリングボンド），これに付随した行き場のない多数の電子が存在している．これらの電子は，ダングリングボンド同士あるいは吸着原子との結合を通してエピタキシャル成長過程に大きな影響を及ぼし

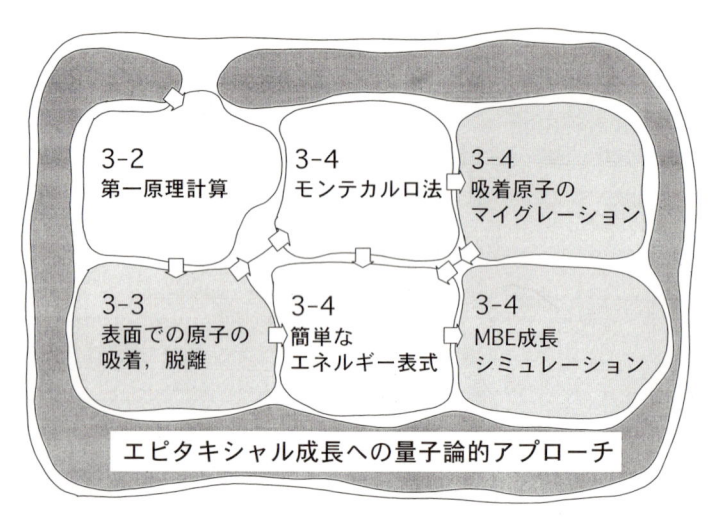

図3.1 第3章に示される各節の内容と相関

ていることが予想される．以上の事実は，特に半導体のエピタキシャル成長を考える上で，電子レベルでのアプローチ，すなわち量子論的アプローチが重要であることを示唆している．本章では，化合物半導体であるGaAs表面上のエピタキシャル成長初期過程を対象として，第一原理計算とその結果に基づいたモンテカルロシミュレーションを中心に紹介する．各節の内容の相関を図3.1に示す．

3.1 MBE成長とは

MBE（Molecular Beam Epitaxy）成長は，和訳すると分子線エピタキシャル成長と呼ばれ，材料の供給源として方向のほぼそろった分子の流れ，すなわち分子線を用いてエピタキシャル成長させるものである．この方法は，真空蒸着法を改善，高度化したものと考えれば分かりやすいであろう．例えば通常の蒸着のように，GaAsをヒータ上に載せて蒸発させて基板に付けても，一般的にはGaAsにならない．これはGaAsの小さな塊として蒸発したものが飛んでいくのではなくて，Asの方が多く蒸発しAs分子（As_4あるいはAs_2）とGa原子として飛んでいくためである．しかしこの場合でもGaAs蒸着源を熱

3.1 MBE 成長とは

するほかに，As だけを熱して As 分子を余分に供給し，基板も適当な温度に熱するなど，条件がそろえば GaAs 多結晶ができることが知られている。MBE 成長は，この方法をさらに高度化し，例えば蒸着源の温度を基準とする代わりに，超高真空中で分子線の強度や分子線種を直接モニターして，成長条件を明確化してエピタキシャル成長技術へと発展させたものである。

MBE 成長装置の基本的な構成を図 3.2 に示す。真空度が 10^{-8}Pa 程度の超高真空中に，成長の下地となる基板と分子線源となる数個の分子線セルを置く。MBE 成長は，基板を数百度に熱し，分子線源からは成分元素の分子 (GaAs 成長の場合には，Ga，As_2，As_4 など) を適当な比率で噴出させて，これを基板面に飛来させることにより行われる。成分元素によって成長面に高い割合で付着するものもあれば，ほとんど付着しないものもある。基板温度を選ぶ必要があるのは，成分元素が適当な割合で付着し，しかも付着したものが安定な格子位置にうまく収まるように，成長面上で移動（マイグレーション）させるためである。また MBE 装置には，分子線の種類や強度を調べるための四重極質量分析計や，結晶の評価を行うための高エネルギー電子線回折装置の電子銃などが取り付けられている。

MBE 成長では基板の上に一つ一つ原子を積み上げていくような方法をとるので，多くの利点が出てくる。例えば結晶成長を行う場所と材料の供給源が離

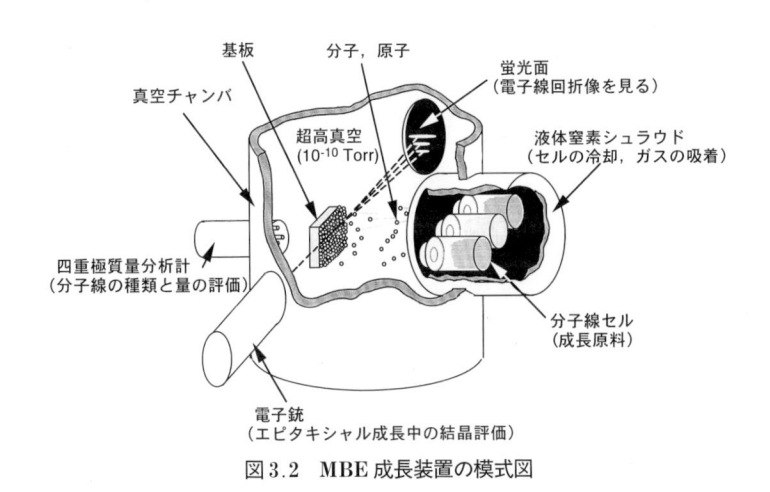

図 3.2 MBE 成長装置の模式図

れているので，成長面を結晶成長中に観測することが可能である．また，成長速度をきわめて遅くコントロールできるうえ，分子線を遮蔽するシャッターの開閉により結晶の成長開始と停止を瞬時に行うことができる．このために，成長膜厚を単原子層の精度まで再現性よくコントロールできる．また必要な個数だけセルの数を増やせば，任意の多元系の結晶を比較的容易につくることができる．さらに，成分元素の分子線の相対比を時間的に変化させれば，成長方向に任意の組成変化をもたせた結晶をつくることができる．不純物をドープすることも成長方向に変化をもたせることも容易である．超格子のような組成の異なる結晶の多層薄膜成長も行いやすい．また，高真空中で成長結晶表面を常に観察できるので，結晶成長の素過程の研究や表面構造，表面準位など表面の研究を行いやすい，等々である．ここではMBE成長の長所ばかりを述べてきたが，もちろん短所も多くある．例えば一つ一つ原子を積み上げていくような方法であることが，逆に成長速度を制限してしまうことになり，生産性を考えれば短所となってしまう．これら成長方法の詳細については，続刊の第3巻「エピタキシャル成長のメカニズム」を参照されたい．

3.2 第一原理計算

3.2.1 第一原理計算の基本的思想

量子論を基礎にエピタキシャル成長のミクロスコピックな機構を議論するには，シュレディンガー方程式に基づいた量子論的なアプローチ，すなわち第一原理計算が不可欠になる．この節では，第一原理計算の基本的思想について簡単に言及する．特に，多電子系のシュレディンガー方程式が電子のもつ反対称性のために，非常に複雑で扱いにくくなることを述べる．この節では複雑な数式がいくつか出てくるかもしれないが，理解していただきたいことは，「多電子系のシュレディンガー方程式が扱いにくい」ということに尽きる．煩雑な数式の導出は追わなくても，本章の理解に差し支えはないので軽い気持ちで読んでいただければ十分である．

第一原理計算の基本的思想は粒子性と波動性の両方をもっている電子の結晶中での振る舞いをできるだけ正確に取り扱おうというものである．量子力学の教科書にもよく書かれているように，空間のポテンシャル中に存在する1個の

3.2 第一原理計算

電子の波動関数はシュレディンガー方程式によって

$$\left[-\frac{1}{2}\nabla^2 + V(\boldsymbol{r})\right]\Psi(\boldsymbol{r}) = E\Psi(\boldsymbol{r}) \tag{3.1}$$

のように表される。ここでは原子単位を用いている。式(3.1)は1つの電子がポテンシャル $V(\boldsymbol{r})$ 中に存在するときに電子が従う方程式である。1電子に対するシュレディンガー方程式はこのように比較的簡単な式で与えられるが、電子が2個以上になると、シュレディンガー方程式の扱いは急に難しくなる。これはフェルミ粒子である電子のもつ反対称性による。まず、2電子系のシュレディンガー方程式を考える。2電子系の波動関数を $\Psi(r_1, r_2)$ と書くと、シュレディンガー方程式は以下のように与えられる。ここで r_1, r_2 は1つ目、および2つ目の電子のスピンの自由度も含んだ座標とする。

$$H\Psi(r_1, r_2) = E\Psi(r_1, r_2) \tag{3.2}$$

$$H = -\frac{1}{2}\nabla_1^2 - \frac{1}{2}\nabla_2^2 + \frac{1}{|\boldsymbol{r}_1 - \boldsymbol{r}_2|} - V(\boldsymbol{r}_1) - V(\boldsymbol{r}_2) \tag{3.3}$$

この方程式は一見、式(3.1)のシュレディンガー方程式と似ているが、電子がフェルミ粒子で2つの電子の交換に対して反対称であるという要請があるために、簡単には解くことができない。

それではまず、電子の反対称性を考慮に入れたとき、2電子系の波動関数はどのようになるかを考える。各電子がそれぞれ互いに直交する状態、$\Psi_i(r_1)$,

---

KEYWORD ━━━━━━━━━━━━━━━━━━━━━━━━━━━ **原子単位**

プランク定数 h を 2π で割ったもの $h/2\pi$、素電荷 e、および電子の質量 m がすべて1になるように規格化する単位系。$h/2\pi = e = m = 1$ となるようにとるので、この単位系ではシュレディンガー方程式は

$$\left[-\frac{1}{2}\nabla^2 + V(\boldsymbol{r})\right]\Psi(\boldsymbol{r}) = E\Psi(\boldsymbol{r})$$

のように便利な形で書くことができるようになる。この単位系では長さの単位は1 (a.u.：atomic unit の略)≒0.529Å、エネルギーの単位は1 (Ht.：Hartree の略)≒27.2 eV のようになる。

$\Psi_2(r_2)$ にあることを想定してみよう。このような2電子波動関数は，電子の反対称性を考慮しなければ，$\Psi_1(r_1)\Psi_2(r_2)$ のような単純な2つ波動関数の積で表わすことができる。ところが電子のもつ反対称性を考慮しなくてはならないため，波動関数の扱いは一気に複雑になる。

$\Psi_1(r_1)\Psi_2(r_2)$ を基礎として，波動関数を反対称化する最も単純な表式は以下のようなる。

$$\Psi_0(r_1,\ r_2) = \frac{1}{\sqrt{2}}\left[\Psi_1(r_1)\Psi_2(r_2) - \Psi_2(r_1)\Psi_1(r_2)\right] \tag{3.4}$$

あるいはスレーター行列式 $|\Psi_1(r_1),\ \Psi_2(r_2)|$ を用いて

$$\Psi_0(r_1,\ r_2) = |\Psi_1(r_1),\ \Psi_2(r_2)| \tag{3.5}$$

式(3.4)あるいは式(3.5)は，電子の座標 r_1 と r_2 を交換することによって

$$\Psi_0(r_1,\ r_2) = -\Psi_0(r_2,\ r_1) \tag{3.6}$$

が成立し，反対称性が満たされていることが分かる。ここで挙げた例は最も簡単な表式である。この表式は図3.3(a)に示すように，2つの電子が1番目と2番目のエネルギー準位に存在する電子配置に対するスレーター行列式を表したものである。反対称性を満足する2電子波動関数のもっと一般的な表式は図3.3(b)，(c)，(d)に示すような2つの電子が占有しうる全ての電子配置に

KEYWORD == **フェルミ粒子**

2つの同等な粒子が存在する系を考えて，2つの粒子の置換を行ったときに，全体の2粒子波動関数の符号が反対になる粒子をフェルミ粒子という。逆に2粒子波動関数の符号が変化しない粒子をボーズ粒子とよぶ。すべての粒子はフェルミ粒子かボーズ粒子かのいずれかに属する。

電子の場合は，本章の記述にあるように2粒子の交換に対して波動関数が

$$\Psi_1(r_1, r_2) = -\Psi_1(r_2, r_1)$$

のように反対称になるフェルミ粒子である。電子がフェルミ粒子であること（2つの電子の交換に対して反対称性になること）のために，多電子系の波動関数は非常に扱いが難しくなる。また一つの状態を占有できるフェルミ粒子の数は1個だけであることが知られており，このことをパウリの排他律と呼ぶ。

3.2 第一原理計算

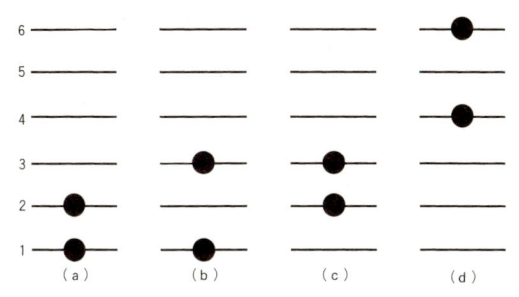

図3.3 2つの電子の占有によって得られる電子配置
(a) 1番目と2番目のエネルギー準位を電子が占有する場合, (b) 1番目と3番目のエネルギー準位を電子が占有する場合, (c) 2番目と3番目のエネルギー準位を電子が占有する場合, (d) 4番目と6番目のエネルギー準位を電子が占有する場合.

関するスレーター行列式の線形結合を足し合わせなくてはならない。こうして得られる2電子波動関数の一般的な表式は次のようになる。

$$\Psi(r_1, r_2) = \sum c_i | \Psi_{i(1)}(r_1), \Psi_{i(2)}(r_2) | \tag{3.7}$$

ここで, i 番目の配置においては, 2つの電子がそれぞれ $i(1)$, $i(2)$ 番目の固有状態に存在するものとする。また c_i は i 番目の電子配置に関するスレーター行列式の係数である。式(3.2)および式(3.3)のシュレディンガー方程式は電子のもつ反対称性式(3.7)のために非常に複雑になる。

一般に2電子系のシュレディンガー方程式は次に示す2電子系の全電子エネルギーを最小化するように Ψ を決定して解くことが多い。このようにして全エネルギー最小化によって方程式を解く手続きを変分原理とよぶ。

$$E = \int \Psi(r_1, r_2) T \Psi^*(r_1, r_2) dr_1 dr_2 + \int \Psi(r_1, r_2) U \Psi^*(r_1, r_2) dr_1 dr_2$$
$$+ \int \Psi(r_1, r_2) \frac{1}{|r_1 - r_2|} \Psi^*(r_1, r_2) dr_1 dr_2 \tag{3.8}$$

$$T = -\frac{1}{2}\nabla_1^2 - \frac{1}{2}\nabla_2^2, \quad U = -V(\boldsymbol{r}_1) - V(\boldsymbol{r}_2) \tag{3.9}$$

ここで, 式(3.8)および式(3.9)を最小化するように式(3.7)の2電子波動関数を決めなくてはならない。こうして得られる方程式は, 式(3.1)の1電子のシュレディンガー方程式に比べてとてつもなく複雑な形になってしまう。この複雑さは電子のもつ反対称性から帰結されるものである。

一般の n 電子系における n 電子波動関数は，2 電子波動関数と同様 n 個の電子が占有しうるすべての電子配置に関する，スレーター行列式の線形結合を足し合わせることによって，以下のように表すことができる。

$$\Psi(r_1, \cdots, r_n) = \sum c_i | \Psi_{i(1)}(r_1), \cdots, \Psi_{i(n)}(r_n) | \qquad (3.10)$$

この表式は電子の反対称性の要請を満足している。このように多電子系の波動関数は，2 電子波動関数よりもさらに一層複雑な形になる。当然，解くべき方程式の取り扱いも困難になってしまう。

これまで述べてきたことをまとめると，多電子系の波動関数は電子のもつ反対称性によって元来非常に扱い難いこと，また多体系の電子に対する方程式が非常に複雑になることが分かった。このような困難さのために，従来は多電子系のシュレディンガー方程式を直接解く代わりに，実験事実などを説明できるように方程式をモデル化して扱う試みが行われてきた。固体物理の教科書によく出てくる「自由電子に近い近似（nearly free electron approximation）」や「原子に束縛した近似（tight binding approximation）」は，その代表的な例である。ところが，近年の密度汎関数法に代表される計算手法の進歩と計算機の急速な発展によって，多電子系に対する方程式を，ある近似のもと，直接数値的に解くことが行われるようになってきた。このような多電子系に対する方程式を直接数値的に解く手法は，広く第一原理計算と呼ばれている。

多電子系に対する方程式を直接解くには主に 2 つの近似法がある。第一は式 (3.10) の電子の多体波動関数を 1 つのスレーター行列式

$$\Psi_0(r_1, \cdots, r_2) = \| \Psi_{i(1)}(r_1), \cdots, \Psi_{i(n)}(r_n) \| \qquad (3.11)$$

で近似する方法で，この近似法はハートリー・フォック法と呼ばれており，量子化学の分野で盛んに用いられている。第二は電子系のエネルギーを全電荷密度 $\rho(r)$ の汎関数と考えて，密度 $\rho(r)$ に対して変分をとることによって比較的単純な方程式を導出する密度汎関数法である。密度汎関数法は結晶に対して非常に有効な方法で多くの金属，半導体などの物質に対してその有効性が広く認識されていると同時に，最近では分子やクラスターの領域でも大きな成功をもたらすようになってきた。本書では第一原理計算の手法として，密度汎関数法に焦点を絞って解説する。ハートリー・フォック法については本書の 2 章で述べているので，興味のある読者はそちらの方を参照されたい。

3.2.2 密度汎関数法

密度汎関数法は波動関数 $\Psi(r)$ ではなく全電荷密度 $\rho(r)$ を用いて，系の全エネルギーを変分して最小値を見つけることにより，シュレディンガー方程式を解く方法である。この方法は，1964年にホーエンバーグとコーンによって提唱され[1]，1965年にコーンとシャムによって実用的な形に定式化された[2]。ここでは，密度汎関数法の考え方について簡単に解説する。まず，密度汎関数法の基本となるホーエンバーグ・コーンの定理の概要を示し，現実の計算において威力を発揮するコーン・シャム方程式の導出，さらに密度汎関数法のキーポイントである交換相関項の単純化についても解説する。

COLUMN ━━━━━━━━━━━━━━━━━ 電子の反対称性とスレーターの行列式

フェルミ粒子（キーワード参照）である電子の反対称性を考慮に入れたとき，2電子系の波動関数はどのようになるかを考える。各電子が，それぞれ異なるエネルギー準位に対応する状態 $\Psi_1(r_1)$，$\Psi_2(r_2)$ にあることを想定してみよう。このような2電子波動関数は，電子の反対称性を考慮しなければ $\Psi_1(r_1)\Psi_2(r_2)$ のような単純な2つの波動関数の積で表すことができる。ところが，電子のもつ反対称性を考慮しなくてはならないため，波動関数の扱いは一気に複雑になる。ここで $\Psi_1(r_1)$，$\Psi_2(r_2)$ を基礎として，波動関数を2つの電子の交換に対して反対称となる表式を考えてみよう。最も単純な表式は本文中の記述にもある通り以下のようになる。

$$\Psi_0(r_1,r_2) = 1\sqrt{2}[\Psi_1(r_1)\Psi_2(r_2) - \Psi_2(r_1)\Psi_1(r_2)] \tag{C1}$$

（C1）式は，2行2列の行列の行列式を用いて以下のように表すこともできる。

$$\Psi_0(r_1,r_2) = \frac{1}{\sqrt{2}} \begin{vmatrix} \Psi_1(r_1), & \Psi_2(r_1) \\ \Psi_1(r_2), & \Psi_2(r_2) \end{vmatrix} \tag{C2}$$

この式で現れる行列式はスレーターの行列式（2章キーワードも参照）と呼ばれ，多電子系の電子波動関数の近似形としてよく用いられる。スレーターの行列式は以下のように簡略化して記述することが多い。

$$|\Psi_1,\Psi_2| \equiv \frac{1}{\sqrt{2}} \begin{vmatrix} \Psi_1(r_1), & \Psi_2(r_1) \\ \Psi_1(r_2), & \Psi_2(r_2) \end{vmatrix} \tag{C3}$$

（C1）あるいは（C2）の表式は，2つ電子の座標 r_1 と r_2 を交換することによって

1 ホーエンバーグ・コーンの定理

密度汎関数の基本となる定理はホーエンバーグ・コーンの定理である。前節の第一原理計算の基本的思想では，電子系のエネルギーを系の波動関数 Ψ に対する変分によってエネルギーを最小化するように波動関数 Ψ を決定する手続きを解説した。ホーエンバーグ・コーンの定理の基本は，「系の全電荷密度 $\rho(\boldsymbol{r})$ を決定すれば，波動関数 Ψ も含めた系の基底状態の電子的性質がすべて決定される」というものである。この定理の意味していることは，「電子系のエネルギーは，波動関数 Ψ によって一意的に決定されると同時に，$E[\rho]$ のように全電荷密度 $\rho(\boldsymbol{r})$ によっても一意的に決定される」ということである。言い換えると，$E[\rho]$ を最小化するように，$\rho(\boldsymbol{r})$ を変分によって決定すれば，系

$$\Psi_0(r_1, r_2) = -\Psi_0(r_2, r_1) \tag{C 4}$$

が成立し，反対称性が満たされていることが分かる。ここで挙げた例は最も簡単な表式である。

一般の n 個の電子が存在する系（n 電子系）における n 電子波動関数は 2 電子波動関数と同様，スレーター行列式の形式に表すと，2 つの電子の交換に対して反対称になる。

$$\Psi_0(r_1, \cdots, r_n) = \frac{1}{\sqrt{n!}} \begin{vmatrix} \Psi_1(r_1), & \Psi_2(r_1), & \cdots, & \Psi_n(r_1) \\ \vdots, & \vdots, & \cdots & \vdots \\ \Psi_1(r_n), & \Psi_2(r_n), & \cdots, & \Psi_n(r_n) \end{vmatrix} \tag{C 5}$$

あるいは，

$$\Psi_0(r_1, \cdots, r_n) = |\Psi_1, \Psi_2, \cdots, \Psi_n| \tag{C 6}$$

$$|\Psi_1, \Psi_2, \cdots, \Psi_n| \equiv \frac{1}{\sqrt{n!}} \begin{vmatrix} \Psi_1(r_1), & \Psi_2(r_1), & \cdots, & \Psi_n(r_1) \\ \vdots, & \vdots, & \cdots & \vdots \\ \Psi_1(r_n), & \Psi_2(r_n), & \cdots, & \Psi_n(r_n) \end{vmatrix} \tag{C 7}$$

この表式は，行列式があらゆる 2 つの列の入れ替えによって，符号が反転するという一般的な性質をもつため，あらゆる 2 つの電子の交換に対して反対称になっていることが分かる。このように n 電子系の波動関数も 2 電子波動関数と同様，スレーター行列式の形式で表すことができる。

の基底状態の電子的性質をすべて求めることができるという訳である。この考え方は直観的にはもっともであると考えられるが，その数学的証明は必ずしも単純ではない。

ホーエンバーグ・コーンの定理は，系の基底状態が縮退していないときに成立することが分かっている。このようにして，ρから全ての基底状態の電子的性質，例えば運動エネルギー$T[\rho]$，ポテンシャルエネルギー$U[\rho]$，電子間相互作用のエネルギー$E_{\text{coulomb}}[\rho]$をρから決定することができ，全エネルギー$E[\rho]$は以下のように表すことができる。

$$E[\rho] = T[\rho] + U[\rho] + E_{\text{coulomb}}[\rho] \tag{3.12}$$

あるいは，原子核から電子に対して作用するポテンシャルを$V(\boldsymbol{r})$として

$$E[\rho] = \int \rho(\boldsymbol{r})V(\boldsymbol{r})d\boldsymbol{r} + T[\rho] + E_{\text{coulomb}}[\rho] \tag{3.13}$$

が得られる。ホーエンバーグ・コーンの定理の証明に興味のある読者は参考文献を参照されたい。

2 **コーン・シャムの方程式**

多電子系の基底状態のエネルギーが電荷密度$\rho(\boldsymbol{r})$の汎関数として$E[\rho]$で与えられることは，有効方程式を導出する上で非常に便利である。すなわち式(3.14)に示す電子数保存の制限条件の下，$E[\rho]$を最小化するように$\rho(\boldsymbol{r})$を求める。

KEYWORD 汎関数と密度汎関数法

汎関数：ある関数$f(r)$が決まるとある量Aが決定される場合を想定してみよう。この場合「Aは関数$f(r)$の汎関数である」といい，$A[f(r)]$のように表す。ある値xが決まると値$g(x)$が決定される通常の関数の概念を拡張したのが汎関数である。汎関数とは，「関数の関数」のようになっていると考えると，直観的に受け入れやすいかもしれない。

密度汎関数法：「多電子系のエネルギー等，すべての物理量が全電荷密度$\rho(\boldsymbol{r})$の汎関数として記述される」という考え方。密度汎関数法では，全エネルギーE，運動エネルギーTなど，あらゆる物理量が$\rho(\boldsymbol{r})$の汎関数として$E[\rho(\boldsymbol{r})]$，$T[\rho(\boldsymbol{r})]$のように表される。

$$\int \rho(\boldsymbol{r})V(\boldsymbol{r})d\boldsymbol{r} = N \tag{3.14}$$

ここで，N は系の全電子数である．言い換えると

$$\rho(\boldsymbol{r}) = \sum |\Psi_i(\boldsymbol{r})|^2 \tag{3.15}$$

で与えられる ρ に関して全エネルギー

$$E[\rho] = \int \rho(\boldsymbol{r})V(\boldsymbol{r})d\boldsymbol{r} + T[\rho] + E_{\text{coulomb}}[\rho] \tag{3.16}$$

を変分することに対応する．ここで，各項は以下のように表される．

$$T[\rho] = \sum_i \int \Psi_i^*(\boldsymbol{r})\left[-\frac{1}{2}\nabla^2\right]\Psi_i(\boldsymbol{r})d\boldsymbol{r} \tag{3.17}$$

$$E_{\text{coulomb}}[\rho] = E_{\text{H}}[\rho] + E_{xc}[\rho(\boldsymbol{r})] \tag{3.18}$$

$$\sum_{\text{H}}[\rho] = \frac{1}{2}\int \rho(\boldsymbol{r})\frac{1}{|\boldsymbol{r}-\boldsymbol{r}'|}\rho(\boldsymbol{r}')d\boldsymbol{r}d\boldsymbol{r}' \tag{3.19}$$

式(3.19)の中で電子間相互作用項 $E_{\text{coulomb}}[\rho]$ をハートリー項 $\sum E_{\text{H}}[\rho]$ と交換相関項 $E_{xc}[\rho(\boldsymbol{r})]$ に分離した．交換相関項 $E_{xc}[\rho(\boldsymbol{r})]$ は，電子の多体効果に起因する交換エネルギーと相関エネルギーの寄与を，まとめて表したものである．交換相関項を厳密に扱うことは非常に難しく，解くべき方程式も非常に複雑になる．密度汎関数法は後で述べるように，この複雑な交換相関項を比較的単純な $\rho(\boldsymbol{r})$ の関数によって近似することによって，取り扱いが可能な方程式を導出する．言い換えると交換相関項 $E_{xc}[\rho(\boldsymbol{r})]$ の単純化こそが，密度汎関数法実用化のキーポイントとも言えよう．交換相関項の単純化については次の節で詳しく述べる．

さて，交換相関項 $E_{xc}[\rho(\boldsymbol{r})]$ を含む，全エネルギーに対する電子的寄与 $E[\rho]$ を最小化するように，電子密度について変分をとると，各1電子波動関数 $\Psi_i(\boldsymbol{r})$ に対して，以下のようなシュレディンガー方程式と似た方程式を導出することができる．

$$\left[-\frac{1}{2}\nabla_i^2 + v_{\text{eff}}(\boldsymbol{r})\right]\Psi_i(\boldsymbol{r}) = \varepsilon_i \Psi_i(\boldsymbol{r}) \tag{3.20}$$

$$v_{\text{eff}}(\boldsymbol{r}) = v(\boldsymbol{r}) + \int \rho(\boldsymbol{r})\frac{1}{|\boldsymbol{r}-\boldsymbol{r}'|}d\boldsymbol{r}' + v_{xc}(\boldsymbol{r}) \tag{3.21}$$

$$v_{xc}(\boldsymbol{r}) = dE_{xc}[\rho(\boldsymbol{r})]/d\rho(\boldsymbol{r}) \tag{3.22}$$

$$\rho(\boldsymbol{r}) = \sum |\Psi_i(\boldsymbol{r})|^2 \tag{3.23}$$

この方程式はコーン・シャム方程式と呼ばれる。この方程式は自己無撞着に解かなくてはならない。ある試行全電荷密度 $\rho_{in}(r)$ に対して，方程式を解くことにより，1電子エネルギーおよび1電子波動関数を求めることができる。得られた1電子波動関数から対応する全電荷密度 $\rho_{out}(r)$ が求まる。$\rho_{in}(r)$ と $\rho_{out}(r)$ が一致するように $\rho(r)$ を決定することにより，本方程式の解が得られる。

3.2.3 局所密度汎関数法と交換相関エネルギーの表式
1 局所密度近似

前節において，密度汎関数法の実用化には交換相関項 $E_{xc}[\rho(r)]$ の単純化がキーポイントであることを述べた。この節では，現在最も一般的に行われている局所密度汎関数法（LDA）について述べると同時に，実際に行われている交換相関項の単純化についても簡単に解説する。局所密度汎関数法は，本来複雑な関係であるはずの汎関数 $E_{xc}[\rho(r)]$ を，単純な $\rho(r)$ の関数 $E_{xc}[\rho(r)]$ で近似するものである。この近似は，電荷密度 ρ_0 の一様な電子ガスに対して得られる交換相関エネルギーの表式 $E_{xc0}[\rho_0]$ を，一様ではない一般の電荷密度 $\rho(r)$ を持つ系に対しても適用して，$E_{xc}[\rho(r)] = E_{xc0}[\rho(r)]$ として近似することに他ならない。このように，交換相関項を単純化をするとコーン・シャム方程式は以下のようになる。

$$\left[-\frac{1}{2}\nabla_i^2 + v_{\text{eff}}(r)\right]\Psi_i(r) = \varepsilon_i \Psi_i(r) \tag{3.24}$$

$$v_{\text{eff}}(r) = v(r) + \int \rho(r) \frac{1}{|r-r'|} dr' + v_{xc}(r) \tag{3.25}$$

$$v_{xc}(r) = dE_{xc0}(\rho)/d\rho \tag{3.26}$$

また $v_{xc}(r)$ は，次の表式をみたす交換相関エネルギー密度 $\varepsilon_{xc}(\rho)$ を用いて，式(3.27)のように与えられる。

$$E_{xc0}(\rho) = \int \rho(r)\varepsilon_{xc}(\rho)dr$$
$$v_{xc}(r) = \varepsilon_{xc}(\rho) + \rho(r)d\varepsilon_{xc}(\rho)/d\rho \tag{3.27}$$

このように局所密度近似（LDA）を導入することによって，コーン・シャム方程式中に出てくる交換相関ポテンシャル項 $v_{xc}(r)$ を，単純な微分形 $\varepsilon_{xc}(\rho)$

$+ \rho(\boldsymbol{r})\,d\varepsilon_{xc}(\rho)/d\rho$ で置き換えることができた。したがって，式(3.24)の方程式を現実に解くには，$\varepsilon_{xc}(\rho)$ の関数形を決定してやればよい。

2　交換エネルギーに対する近似的表式

それでは一様電子ガスに対する交換相関エネルギーの近似表式は，どのように求めたらよいのであろうか。ハートリー・フォック法の項では交換相関エネルギー $\varepsilon_{xc}(\rho) = \varepsilon_x(\rho) + \varepsilon_c(\rho)$ のうち，交換エネルギーについて次の表式を得ている。

$$K = \int \rho(\boldsymbol{r})\varepsilon_x(\rho)d\boldsymbol{r}$$
$$= \sum_{i,j}\int \Psi_i^*(\boldsymbol{r})\Psi_j^*(\boldsymbol{r}')\left[\frac{1}{|\boldsymbol{r}-\boldsymbol{r}'|}\right]\Psi_j(\boldsymbol{r})\Psi_i(\boldsymbol{r}')d\boldsymbol{r}d\boldsymbol{r}' \qquad (3.28)$$

ここで，$\varepsilon_x(\rho)$ は交換エネルギー密度である。

一様な電荷分布を与える波動関数に対して式(3.28)がどのようになるかを考える。一様な電荷分布を与える自由電子の波動関数は系の体積を V として

$$\Psi_k(\boldsymbol{r}) = \frac{1}{\sqrt{V}}\exp(-i\boldsymbol{k}\cdot\boldsymbol{r}) \qquad (3.29)$$

のように与えられるので，式(3.28)の交換エネルギーは次のように表される。

$$K = \frac{1}{V^2}\sum_{k,k'}\int\left[\frac{1}{|\boldsymbol{r}-\boldsymbol{r}'|}\right]\exp\{-i\boldsymbol{k}\cdot(\boldsymbol{r}-\boldsymbol{r}')-i\boldsymbol{k}'\cdot(\boldsymbol{r}-\boldsymbol{r}')\}d\boldsymbol{r}d\boldsymbol{r}' \qquad (3.30)$$

$\boldsymbol{k}$ についての和はスピン自由度も考慮に入れると，式(3.31)のようにフェルミ波数 k_F を用いて，積分の形にすることができる。

KEYWORD　　　　　　　　　　　　　　　　　　　　　　　交換相関エネルギー

フェルミ粒子（キーワード参照）である電子は2電子の置換に対して反対称であるという性質をもつ。このため通常の電子反発のクーロンエネルギーの他に，反対称性という制限が波動関数に加えられたために出てくるエネルギー項が存在する。このエネルギーを交換相関エネルギーと呼ぶ。この交換相関エネルギーうち，反対称性を1つのスレーターの行列式（コラム参照）で表現したときに出てくる部分を交換エネルギーと呼び，1つのスレーターの行列式で表せない部分を相関エネルギーと呼ぶ。

$$\frac{1}{V}\sum_k G(\boldsymbol{k}) = \frac{1}{4\pi^3}\int_0^{k_F} G(\boldsymbol{k})d\boldsymbol{k} \tag{3.31}$$

ただし，$G(\boldsymbol{k})$ は任意の $\boldsymbol{k}$ の関数とする．したがって，K は次のように与えられる．

$$K = \frac{1}{16\pi^6}\int d\boldsymbol{r}d\boldsymbol{r}'\int_0^{k_F} d\boldsymbol{k}d\boldsymbol{k}'\left[\frac{1}{|\boldsymbol{r}-\boldsymbol{r}'|}\right]\exp\{-i\boldsymbol{k}\cdot(\boldsymbol{r}-\boldsymbol{r}')$$
$$-i\boldsymbol{k}'\cdot(\boldsymbol{r}-\boldsymbol{r}')\}d\boldsymbol{r}d\boldsymbol{r}' \tag{3.32}$$

電荷密度 ρ とフェルミ波数 k_F との間に

$$\rho = k_F{}^3/(3\pi^2) \tag{3.33}$$

の関係があることに注意すると，式(3.28)の交換エネルギー項 K は ρ の関数として次式で与えられる．

$$K[\rho] = \frac{3}{4}\left(\frac{3}{\pi}\right)^{1/3}T\rho^{4/3} \tag{3.34}$$

式(3.34)を用いて，交換エネルギー項は電荷分布 $\rho(\boldsymbol{r})$ の関数として近似的に次のように表される．

$$K[\rho(\boldsymbol{r})] = \frac{3}{4}\left(\frac{3}{\pi}\right)^{1/3}\int \rho^{4/3}(\boldsymbol{r})d\boldsymbol{r} \tag{3.35}$$

よって，交換エネルギー密度 $\varepsilon_x(\rho)$ は

$$\varepsilon_x(\rho) = \frac{3}{4}\left(\frac{3}{\pi}\right)^{1/3}\rho^{1/3}(\boldsymbol{r}) \tag{3.36}$$

となり，$\varepsilon_x(\rho)$ は $\rho^{1/3}$ に比例することがわかる．式(3.36)の交換エネルギー密度は局所密度汎関数法（LDA 法）において最も中心的な役割を果たす関係式である．この表式によって，交換相関エネルギー項のうちの交換エネルギー項を近似的に求めることができた．その結果，密度汎関数法実用化において残る課題は相関エネルギーの表式の単純化である．

3 相関エネルギーに対する近似的表式

このように交換エネルギー密度 $\varepsilon_x(\rho)$ を求めることができたので，相関エネルギー密度 $\varepsilon_c(\rho)$ に対する簡便な表式を与えれば，コーン・シャム方程式を実際に解くことが可能となる．相関エネルギー密度 $\varepsilon_c(\rho)$ は，交換エネルギー密度 $\varepsilon_x(\rho)$ に比べて表式も複雑であるので，$\varepsilon_c(\rho)$ の表式を求めるのは簡単ではない．Ceperley と Alder[4]は量子モンテカルロ法によって相関エネルギー密

度を数値的に求めた。さらに，PerdewとZunger[5)]はこの結果に対して近似補間を行って，相関エネルギー密度 $\varepsilon_c(\rho)$ を ρ の単純な関数として表すことに成功した。最終的に得られた表式は，次の通りである。

$$\varepsilon_c(\rho) = \frac{\gamma}{(1+\beta_1\sqrt{r_s}+\beta_2 r_s)} \qquad (r_s \geqq 1)$$
$$= A\ln r_s + B + Cr_s\ln r_s + Dr_s \qquad (r_s < 1) \qquad (3.37)$$

ここで，$r_s = \{3/(4\pi\rho)\}^{1/3}$, $\gamma = -0.1423$, $\beta_1 = 1.0529$, $\beta_2 = 0.3334$, $A = 0.0311$, $B = -0.048$, $C = 0.0020$, $D = -0.0116$ である。

ここでは，相関エネルギー表式導出の詳細には立ち入らない。実際に計算を進めるには，議論の詳細は知らずとも式(3.37)の表式を用いればよいからである。議論の詳細に興味のある読者は参考文献を参照されたい。以上述べてきたように，密度汎関数法の実用化において懸案であった，交換相関エネルギー密度 $E_{xc}(\rho)$ の単純化を一様電子ガス近似のもとに行うことができた。すなわち，

$$E_{xc}(\rho) = \frac{3}{4}\left(\frac{3}{\pi}\right)^{1/3}\rho^{1/3}(\boldsymbol{r}) + \frac{\gamma}{(1+\beta_1\sqrt{r_s}+\beta_2 r_s)} \qquad (r_s \geqq 1)$$
$$= \frac{3}{4}\left(\frac{3}{\pi}\right)^{1/3}\rho^{1/3}(\boldsymbol{r}) + A\ln r_s + B + Cr_s\ln r_s + Dr_s \qquad (r_s < 1)$$

$r_s = \{3/(4\pi\rho)\}^{1/3}$, $\gamma = -0.1423$, $\beta_1 = 1.0529$, $\beta_2 = 0.3334$,
$A = 0.0311$, $B = -0.048$, $C = 0.0020$, $D = -0.0116$ \qquad (3.38)

この表式を用いると，実際に解くべきコーン・シャム方程式は以下のようになる。

$$\left[-\frac{1}{2}\nabla_i^2 + v_{\text{eff}}(\boldsymbol{r})\right]\Psi_i(\boldsymbol{r}) = \varepsilon_i\Psi_i(\boldsymbol{r}) \qquad (3.39)$$

$$v_{\text{eff}}(\boldsymbol{r}) = v(\boldsymbol{r}) + \int\frac{\rho(\boldsymbol{r})}{|\boldsymbol{r}-\boldsymbol{r}'|}d\boldsymbol{r}' + v_{xc}(\boldsymbol{r}) \qquad (3.40)$$

$$v_{xc}(\boldsymbol{r}) = \varepsilon_{xc}(\rho) + \rho(\boldsymbol{r})d\varepsilon_{xc}(\rho)/d\rho \qquad (3.41)$$

$$\rho(\boldsymbol{r}) = \sum|\Psi_i(\boldsymbol{r})|^2 \qquad (3.42)$$

このように $\varepsilon_{xc}(\rho)$ を単純化することで，局所密度汎関数法に基づく比較的扱いやすい方程式を導出することができた。$\varepsilon_{xc}(\rho)$ の単純化にはここで挙げた例だけではなく，多くの関数形が提案されている[3)]。

交換相関項 $\varepsilon_{xc}(\rho)$ を ρ の汎関数としてだけでなく，スピン密度 ζ の汎関数

として $\varepsilon_{xc}(\rho,\zeta)$ と考えることによって,磁性体の磁化についても計算することができるようになってきている。この方法はスピン密度汎関数法(LSDA 法)と呼ばれ,多くの磁性体に対して計算が行われつつある。さらに,最近では交換相関項 $\varepsilon_{xc}(\rho)$ を ρ だけではなく,密度勾配 $d\rho/dr$ の関数として $\varepsilon_{xc}(\rho,d\rho/dr)$ のように表す一般化密度勾配近似(GGA 法)も盛んに行われるようになっている[6]。この近似では,一様電子ガスではない場合の交換相関項も扱うことができるので,局所密度汎関数よりも近似の信頼性は高くなっている。このように交換相関項の単純化についても,多くの理論研究がなされるようになってきている。LSDA 法や GGA 法に興味のある読者は参考文献を参照されたい[3]。

3.2.4 第一原理計算によって何を求めることができるか

これまで述べてきたことは,系のポテンシャルが与えられたときに系の電子の波動関数,固有値,および電子系のエネルギー $E[\rho]$ を第一原理計算によって求めることができるということである。系の各原子の座標(結晶構造)(τ_1, …, τ_n)が与えられると,各原子が作るクーロン力によって系のポテンシャルが与えられる。このことに注意すると,結晶構造(τ_1, …, τ_n)が与えられると電子系のエネルギー $E[\rho]$ が求められることになる。また結晶構造(τ_1, …, τ_n)が与えられると,系の核間反発のエネルギー $E_{nuc}(\tau_1, …, \tau_n)$ も求めることができる。核間反発のエネルギー $E_{nuc}(\tau_1, …, \tau_n)$ と電子系のエネルギー $E[\rho]$ を加えることによって,与えられた結晶構造に対する系の全エネルギー E_{total} を求めることができる。

$$E_{total}(\boldsymbol{R}_j,\boldsymbol{\tau}_i) = E_{nuc}(\boldsymbol{R}_j,\boldsymbol{\tau}_i) + E[\rho] \tag{3.43}$$

この $E_{total}(\boldsymbol{R}_j,\boldsymbol{\tau}_i)$ を最小化する結晶構造(τ_1, …, τ_n)を求めることによって,最安定結晶構造を決定することができる。実際,こうした第一原理計算を用いた手続きによって表面の最安定構造などが数多く決定されている。

第一原理計算によって決定されるのは最安定原子配置だけにはとどまらない。例えば,吸着原子が表面に存在する系の全エネルギーを,吸着原子の表面における 2 次元座標 (x,y) の関数として $E_{total}(x,y)$ を求めることができる。この関数 $E_{total}(x,y)$ は吸着原子が表面を動いていくときに感じるマイグレー

ションポテンシャルに他ならない．このように第一原理計算によれば，吸着原子のマイグレーションもある程度扱うことも可能となる．さらに系の全エネルギー $E_{\text{total}}(z)$ を，吸着原子の表面から垂直方向への距離 z の関数として求め，z を 0 から ∞ まで増加させるときの障壁を求めることにより，吸着原子の吸着（脱離）エネルギーも求めることができる．また最近では，第一原理計算に基づいた分子動力学法も行われるようになってきた．この手法を用いることによって電子と共に動く原子の動的振る舞いを，量子論に基づいて決定できるようになってきている．これらに加えて，第一原理計算によって何らの仮定もなしに，光吸収係数，有効質量など，諸物性の基礎となる物理量を求めることができることも追記しておく．このように第一原理計算によれば，結晶成長の重要な素過程である吸着，マイグレーション，脱離を量子論に基づいて考察することが可能である．

演習 8．密度汎関数計算

1. CD-ROM 中に記載した酸素原子の例にならい，Li 原子に対して密度汎関数法の計算を行い，各軌道のエネルギーレベルを求めよ．2 s 軌道は 1 s 軌道に比べて大きく広がっていることを確かめよ．
2. B，Al，Ga，In 各原子に対して密度汎関数法の計算を行え．最外殻の軌道の広がりが原子番号が増えるに従ってどのように変化するかを図示せよ．また，上記の傾向とイオン半径との相関について定性的に述べよ．
3. Li，Be，B，C，N，O，F，Ne の各原子に対して密度汎関数法の計算を行え．最外殻の軌道の広がりが原子番号が増えるに従ってどのように変化するかを図示せよ．上記の傾向とイオン半径との相関について定性的に述べよ．
4. 各自，好みの原子に対して密度汎関数法の計算を行え．

3.3 GaAs 表面における原子の吸着，脱離
3.3.1 GaAs 表面の微視的構造

エピタキシャル成長の過程は，「吸着」，「表面マイグレーション」，「2次元核形成」，「新たな再構成表面の形成」などの GaAs 表面で起こる素過程に分けられる．これらのエピタキシャル成長過程を議論するには，まずエピタキシャル成長の舞台となっている GaAs 表面構造を知る必要がある．それでは，GaAs 表面はどのようになっているのであろうか．一般に，表面の原子配列はいかなる理想的な表面であっても，結晶を切断して得られる結晶面の原子配列とは異なる再構成構造をとる．エピタキシャル成長が最も一般的に行われる GaAs(001) 表面は，(2×4) や $c(4\times4)$ などの長周期構造をもつことが知られている．これらの再構成構造は，STM を始めとする実験技術の進歩と第一原理計算の成功により，原子レベルでその詳細が明らかにされた．図 3.4 に提案された GaAs(001) 表面のモデルのうちの代表的な 3 種類の構造モデルを示す．図 3.4(a)，(b) の $(2\times4)\beta1$, $\beta2$ 構造は As 被覆率が 0.75 に対応し，MBE 成長は主にこの表面を舞台に行われることが多い．これに対し，図 3.4(c) の $c(4\times4)$ 構造は As 被覆率 1.75 に対応し，MOVPE 成長はこの表面を舞台に行われていることが報告されている．ここに挙げたモデルはいずれも表面の As 原子どうしで結合を作ることによって As ダイマーを構成している．また，同時に As ダイマーが欠損している欠損ダイマー列も含んでいる．これは GaAs 表面が 2 種類の元素から構成されていることに起因する．2 種類の元素から構成されているため，GaAs 表面には Ga のダングリングボンドと As のダングリングボンドの 2 種類が存在しうる．また Ga と As のダングリングボンドには，それぞれ平均して 3/4 個と 5/4 個の電子が詰まっている．模式図を図 3.5 に示す．

2 章でも簡単に説明されているが，このような非整数の電子がダングリングボンドに含まれている理由について，もう一度説明しておこう．Ga 原子と As 原子はそれぞれ 3 個と 5 個の価電子をもつ．これら 2 種類の原子が閃亜鉛鉱構造の結晶を構成すると，各原子のまわりに 4 本のボンドが形成される．結晶中ではこのボンドに Ga 原子と As 原子からそれぞれ平均して 3/4 個，5/4 個の

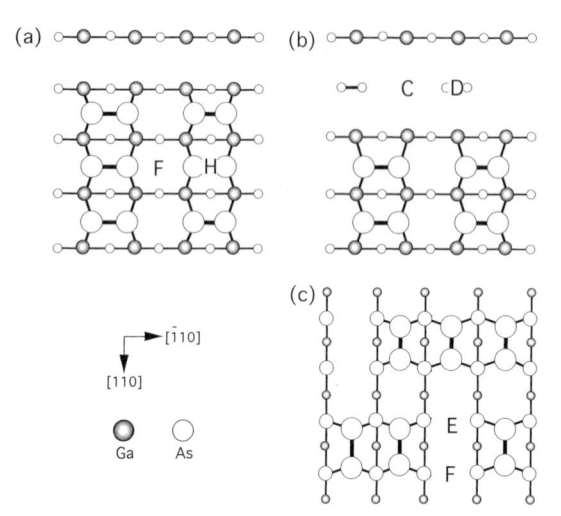

図3.4　GaAs(001)表面を上から眺めたときの代表的な原子配列
（a）$(2\times4)\beta1$ 表面，（b）$(2\times4)\beta2$ 表面，（c）$c(4\times4)$ 表面。

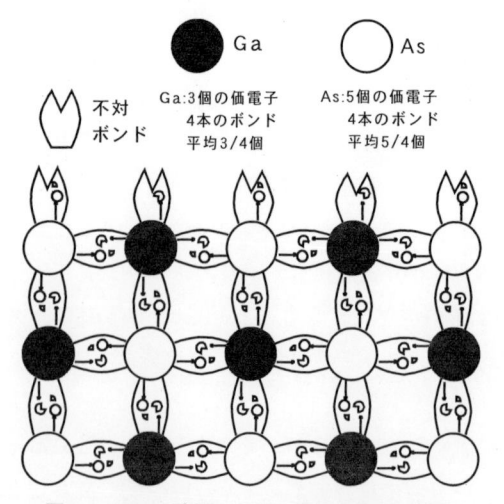

図3.5　GaAs表面における電子の分配の様子
2つの物質における共有結合電子の起源の相違が，表面の特徴に大きく反映される。

3.3 GaAs 表面における原子の吸着, 脱離

電子が供給されて電子が 2 個含まれる通常のボンドを形成する．ところが，結合する相手をもたないダングリングボンドには，3/4 個と 5/4 個という平均して非整数の電子が含まれることになる．また，Ga のダングリングボンドは，As のダングリングボンドよりもエネルギー的に高い位置にある．このために，Ga のダングリングボンドから As のダングリングボンドに電荷移動が起こる．その結果，GaAs 表面において Ga のダングリングボンドは空となり，As のダングリングボンドには完全に電子が詰まるようになる．この規則は，表面のダングリングボンドの中の電子数を勘定するだけで，表面の安定性をある程度議論できるので，エレクトロンカウンティングモデルと呼ばれている．模式図を図 3.6 に示す．エレクトロンカウンティングモデルは，Ga のダングリングボンドから As のダングリングボンドへの電荷移動という量子的な現象を基礎としている．すなわち GaAs 表面においては，エレクトロンカウンティングモデルを考慮することによって，ある程度量子論的な効果を取り込むことができる．

エレクトロンカウンティングモデル
(Electron Counting Model)

2 種類の不対ボンドが表面に存在するときの電子分布の再配列

Ga 不対ボンド ——— 3/4e

5/4e ——— As 不対ボンド

↓

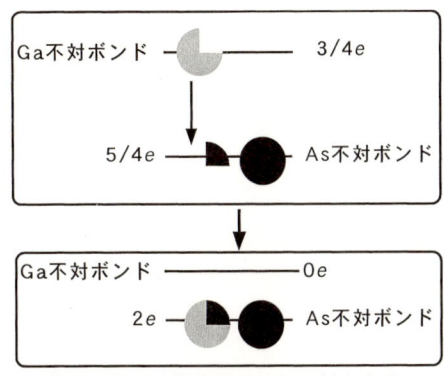

Ga 不対ボンド ——— 0e

2e ——— As 不対ボンド

表面で電子が移動することに対応する．
（電荷移動）

図 3.6 エレクトロンカウンティングモデルの模式図

ここで(2×4)β1構造を例にとって，エレクトロンカウンティングモデルが成立していることを確かめてみよう．図3.4(a)から分かるように(2×4)単位胞の中には，4本のGaのダングリングボンドと6本のAsのダングリングボンドがある．Gaの各ダングリングボンドには3/4個の電子が存在し，Asの各ダングリングボンドには3/2個の電子が存在する．Asのダングリングボンドの電子数が3/2になるのは，表面のAs原子どうしのダイマー形成に各As原子から1個の電子が供給され(5/4×2−1)=3/2となるためである．4本のGaのダングリングボンドに存在する3/4×3=3個の電子が，6本のAsのダングリングボンドに移動することによって，各Asのダングリングボンドの電子数は3/2+3/6=2となり，Asのダングリングボンドは2個の電子によって完全に占有される．このように(2×4)β1構造は，エレクトロンカウンティングモデルを完全に満たしていることが分かる．(2×4)β2構造，c(4×4)構造も同様にエレクトロンカウンティングモデルを満たしていることを確かめられたい．GaAs(001)-(2×4)表面については，最近の橋詰らによるSTM観察の結果[7]，2個の表面Asダイマーと2列の欠損ダイマー列からなるβ2構造を示すことが報告され，第一原理の計算もこの実験結果を支持している[8]．

3.3.2　Ga原子，As原子の吸着，脱離

ここではGaAs結晶成長の素過程の内，GaAs(001)-(2×4)β1表面でのGa原子吸着について紹介する．図3.7(a)に第一原理計算で考慮したGaAs(001)-(2×4)β1表面上における吸着サイトを，図3.7(b)にGa原子のマイグレーションポテンシャルの計算結果を示す．この図はGa被覆率1/16（16の表面格子点の内1格子点がGa原子に占められていること）に対応する．Ga原子の最安定吸着サイトFは，Asダイマーが存在する領域にある．現実の結晶成長では，Ga原子の供給が進むにつれて表面のGa被覆率は増加していく．それでは，Gaのマイグレーションポテンシャルは Ga被覆率の増加によってどのように変化するのであろうか．図3.7(c)にGa被覆率が大きくなったときのマイグレーションポテンシャルを示す．この図はGa被覆率3/16に対応している．この図から分かるように，表面のGa被覆率が増加するにつれて最安定吸着サイトはAsダイマーの領域から欠損ダイマー列に移ることが分かる．

3.3 GaAs 表面における原子の吸着，脱離   131

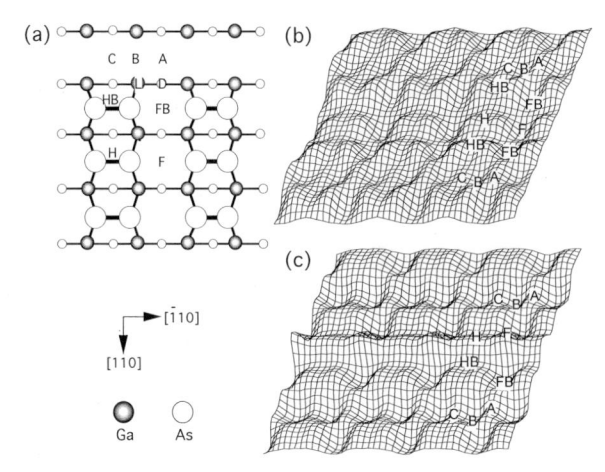

図3.7 GaAs(001)表面上のGa原子のマイグレーションポテンシャルの Ga被覆率依存性

（a）GaAs(001)-(2×4)β1表面の吸着サイト。（b）Ga被覆率1/16のときのマイグレーションポテンシャル。（c）Ga被覆率3/16のときのマイグレーションポテンシャル。

このようにGaの安定吸着サイトは，Ga被覆率に強く依存する。この被覆率依存性は表面のボンド形成とエレクトロンカウンティングモデルとの2つの効果を考えることによって定性的に説明できることが明らかになっている[9]。量子論的な結晶成長シミュレーションを行う際には，このようなマイグレーションポテンシャルのGa被覆率依存性も考慮に入れる必要がある。Gaのマイグレーションポテンシャルの被覆率依存性を考慮に入れた，モンテカルロシミュレーションについては3.4節で紹介する。

ところで，GaAs成長には「エピタキシャル成長の不思議」と言われていることがある。図3.4に示すようなGaAsの表面構造においては，表面のAs被覆率は1ではなく，常にAsの過不足が存在している。このようにAs被覆率が1に等しくないGaAs(001)表面上に，Ga原子とAs原子が交互に1層ずつ表面に単純に供給されたとしよう。すると，元来表面に存在するAs原子の過不足のため，作製された結晶中には多くのアンチサイト欠陥が導入されることになってしまう。図3.8の模式図に示すように，MBE成長ではGaアンチサイト欠陥が，MOVPE成長ではAsアンチサイト欠陥が形成されることにな

(a) MBE 成長　　　　　(b) MOVPE 成長

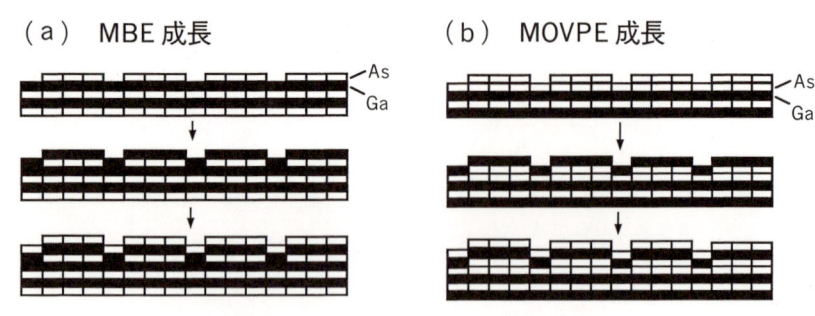

図 3.8　エピタキシャル成長の謎の模式図

る。ところが，現実にエピタキシャル成長で作製される GaAs 結晶は，非常に高品質でほとんどアンチサイト欠陥が含まれていないことが知られている。この事実は，現実のエピタキシャル成長が進行していく過程では，必ず欠損ダイマー列には As 原子が取り込まれ，また過剰 As ダイマーは必ず Ga 原子と置き換わっていることを意味する。これが「エピタキシャル成長の不思議」と言われていることである。それでは，なぜ GaAs 表面における As の過不足が，エピタキシャル成長が進行していく過程で調節されるのであろうか？　第一原理計算はこの素朴で深淵な問題にも明快な解答を与えることができる[10]。

まず，MBE 成長において欠損ダイマー列に As 原子が取り込まれる機構について考える。GaAs(001) 表面上における Ga 原子の吸着は，表面に存在する Ga 吸着原子の増加とともに，大きく変化することは既に示したとおりである。このことから，欠損ダイマー列における As 原子の取り込みも表面に存在する Ga 吸着原子によって大きく影響を受けることが予想される。そこで，(2×4)

KEYWORD　　　　　　　　　　　　　　　　　　　　アンチサイト欠陥

　GaAs に代表される化合物半導体では Ga の最近接原子は，必ず As になるように 2 種類の元素が交互に並んで完全結晶を形作っている。ところが，ごくまれに Ga の隣に Ga がきたり As の隣に As がきて，結晶中に欠陥が形成される。このように化合物半導体において，本来 Ga があるべき位置に As が存在するという形で形成される欠陥をアンチサイト欠陥とよぶ。

3.3 GaAs 表面における原子の吸着,脱離 133

β1構造の欠損ダイマー列における As$_2$ 分子の吸着エネルギーの Ga 被覆率依存性を考察してみる。Ga 被覆率依存性の考察は (2×4) 表面単位胞内の Ga 原子の数を増加させることによって議論することができる。まず,最初の Ga 吸着原子を最安定吸着位置の図 3.4(a) の F サイトに置き,2 番目の Ga 吸着原子を H サイトに置く。(2×4) 単位胞に 1 個の Ga 吸着原子が存在する場合は Ga 被覆率 0.125 に対応し,2 個の Ga 吸着原子が存在する場合には Ga 被覆率 0.25 に対応する。図 3.9 は,欠損ダイマー列における As$_2$ 分子の吸着エネルギーを,Ga 被覆率 (θ) の関数としてプロットしたものである。図 3.9(a) から分かるように,As$_2$ 分子の吸着エネルギーは θ の増加とともに急激に増加することが分かる。$\theta=0.0$ のときにわずか 1.6 eV であった吸着エネルギーは $\theta=0.25$ のときには,驚くべき事に 3.9 eV にまで跳ね上がっていることが分かる。この急激な欠損ダイマー列における As$_2$ 分子の吸着エネルギーの増加は,GaAs 表面に Ga 原子の吸着が起こった後に,As$_2$ 分子が欠損ダイマー列に選択的に取り込まれることを示唆している。言い換えると,表面に存在する Ga 吸着原子が MBE 成長中にアンチサイト欠陥を形成しないように,As$_2$ 分子の欠損ダイマー列への取り込みを促進する機能を果たしているとも言えよう。

次に最近 MBE 成長表面において,最も有力となっている (2×4) β2 表面 (図 3.4(b)) における Ga 吸着原子の効果を考察してみよう。この場合も (2×4) β1 表面のときと同じく,欠損ダイマー列における As$_2$ 分子の吸着エネルギ

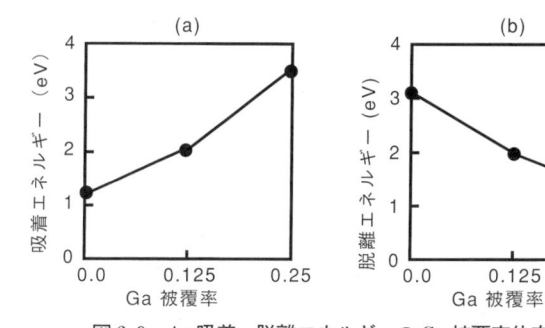

図 3.9 As 吸着,脱離エネルギーの Ga 被覆率依存性
(a) 欠損ダイマー列への As$_2$ の吸着エネルギー,(b) 中央 As ダイマーの脱離エネルギー。

ーをGa被覆率(θ)を変化させて計算した．最初の2個のGa吸着原子は，最安定吸着サイトである図3.4(b)のCサイトおよびDサイトにそれぞれ置いた．その結果，Ga被覆率が0.0から0.25に増加すると，欠損ダイマー列におけるAs$_2$分子の吸着エネルギーも1.7 eV増加する．このことから(2×4)$\beta2$表面においても(2×4)$\beta1$表面同様，表面に存在するGa吸着原子がAs$_2$分子の欠損ダイマー列への取り込みを促進していることが分かる．

MOVPE成長ではどうであろうか．MOVPE成長においては，GaAs(001)表面は図3.4(c)に示すように，3列の過剰Asダイマーの存在する$c(4\times4)$構造を呈することが報告されている[11]．そこで，中央の過剰Asダイマーの脱離エネルギーのGa被覆率(θ)依存性を，$c(4\times4)$表面単位胞内のGa吸着原子の数を変化させることによって考察してみる．この計算で最初のGa吸着原子は最安定吸着サイトである図3.4(c)のEサイトに置き，2番目のGa吸着原子はFサイトに置いた．MBE成長のときと同様，$c(4\times4)$単位胞に1個のGa吸着原子が存在する場合はGa被覆率0.125に対応し，2個のGa吸着原子が存在する場合にはGa被覆率0.25に対応する．図3.9(b)は，中央のAsダイマーの脱離エネルギーを，Ga被覆率(θ)の関数としてプロットしたものである．図3.9(b)から分かるように，Asダイマーの脱離エネルギーはθの増加とともに急激に減少する．$\theta=0.25$のときのAsダイマーの脱離エネルギーは，$\theta=0.0$のときに比べて1.8 eVも減少している．この急激なAsダイマーの脱離エネルギーの減少は，GaAs表面にGa原子の吸着が起こった後に，過剰Asダイマーと2層目のAs原子との結合ボンドが弱まり，過剰AsダイマーがGa原子と置換されやすくなったことを示唆している．言い換えると，表面に存在するGa吸着原子はMOVPE成長中にアンチサイト欠陥を形成しないように，過剰AsダイマーとGa原子との置換を促進する機能を果たしている．

3.3.3　セルフサーファクタント効果

これまで述べてきたように，表面に存在するGa吸着原子はMBE成長においては表面のAsの不足を補うことを促進し，MOVPE成長においてはAsの過剰を解消する働きをすることが分かった．この意味で表面に存在するGa吸

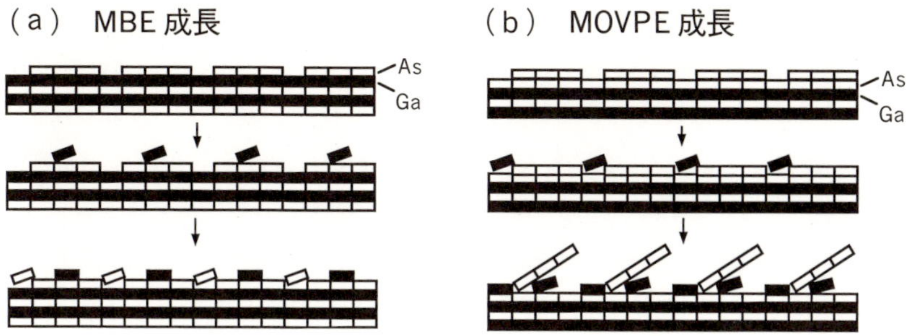

3.3 GaAs 表面における原子の吸着, 脱離

(a) MBE 成長　　　　　　　**(b) MOVPE 成長**

図 3.10　セルフサーファクタント効果の模式図

着原子はエピタキシャル成長中に「セルフサーファクタント原子」として振る舞い，成長表面における As の再配列を引き起こし，成長中に「きれいな As 安定化表面」を保持する働きをすると言えよう．このような「セルフサーファクタント効果」の帰結として，アンチサイト欠陥を形成することなく層状成長が滞りなく進行していくと考えられる．表面に存在する Ga 吸着原子の効果により，MBE 成長，MOVPE 成長過程で，層状成長が滞りなく進行していく様子を図 3.10(a)，(b) に模式的に示す．ここでは GaAs エピタキシャル成長を例にセルフサーファクタント効果を議論してきたが，この考え方は GaAs 以外の他の化合物半導体全般に成立する，普遍的な原理であることをつけ加えておこう[9]．

それでは，As の吸着（脱離）エネルギーの強い Ga 被覆率依存性の物理的

KEYWORD　　　　　　　　　　　　　　　　　　　　　　　　　　サーファクタント

Surfactant．成長層表面において，表面拡散，表面エネルギーを制御する物質を意味する．表面の性質を変化させることから，表面変性剤とも呼ばれる．各種サーファクタントについては，SiGe 系を中心に多くの研究例がある．本書では，Ga 原子が GaAs 表面に吸着することにより，As_2 分子の吸着，脱離エネルギーを変化させることを示した．Ga 原子は GaAs の成分元素であるので，この現象は自分自身が自身の表面の性質を変化させていることに対応する．そこで，ここでは Ga 原子のことをセルフサーファクタント原子と呼ぶことにする．

背景は,どのようになっているのであろうか。ここでは,物理的背景の見やすい$(2\times 4)\beta 1$表面における As の吸着と $c(4\times 4)$ 表面における As の脱離に限って解説する。図3.4(a),(c)から,$(2\times 4)\beta 1$ および $c(4\times 4)$ 表面上に配置した Ga 吸着原子は,As の吸着(脱離)サイトから第4近接サイトに位置することが分かる。このように,Ga 吸着原子の位置と As の吸着(脱離)サイトの間の距離が充分遠いため,Ga 吸着原子の存在は As の吸着(脱離)サイトの周辺の表面原子構造をほとんど変化させていない。したがって古典的な意味でのボンド形成エネルギーは,Ga 吸着原子の存在によってほとんど影響を受けない。以上のように考えてくると,第一原理計算によって得られた As 吸着(脱離)エネルギーの強い Ga 被覆率依存性は,表面における電荷移動に起因する電子的寄与と考えられる。

このことを確認するために,表面の電荷移動の結果として帰結され GaAs 表面において広く成立する,エレクトロンカウンティングモデルを通して計算結果を解析してみる。エレクトロンカウンティングモデルを用いて,電子的寄与を扱うのに便利なパラメータは,表面単位胞内に実際に存在する電子数とエレクトロンカウンティングモデルから決定される電子数との差 Z_{dev} である。GaAs 清浄表面においては $Z_{\text{dev}}=0$ が成立するため,系はエレクトロンカウンティングンモデルを満たし半導体的になっているが,成長中には一時的に Z_{dev} の値が0からずれる。この Z_{dev} が,As の吸着(脱離)の前後でどのように変化したかということで,吸着(脱離)し易さを大まかに評価することができる。ここで,パラメータ $\varDelta Z = |Z_{\text{dev}}^{\text{吸着(脱離後)}}| - |Z_{\text{dev}}^{\text{吸着(脱離前)}}|$ を通して,$(2\times 4)\beta 1$ 表面の欠損ダイマー列における As_2 分子の吸着エネルギーを考察してみよう。θ(Ga 被覆率)$=0.0$ のときには As_2 分子の吸着前には Z_{dev} の値は0であるのに対し,吸着後には Z_{dev} は-4に変化する。つまり,$\theta=0.0$ のとき $\varDelta Z$ の値は4になる。この大きな $\varDelta Z$ の値は清浄表面の欠損ダイマー列には,As_2 分子がそれほど吸着しやすくないことに対応する。同様に $\theta=0.125$,0.25 のときには $\varDelta Z$ の値はそれぞれ2,-4 となる。欠損ダイマー列における As_2 分子の吸着エネルギーを,$\varDelta Z$ の関数としてプロットしたものが図3.11(a)である。この図から分かるように As_2 分子の吸着エネルギーは $\varDelta Z$ の増加とともにほぼ線形に減少する。このことから,As 吸着エネルギーの強い Ga 被覆率依

3.3 GaAs 表面における原子の吸着, 脱離

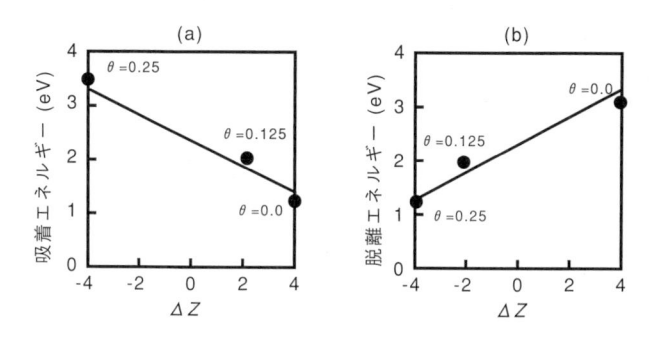

図3.11　As 吸着, 脱離エネルギーと ΔZ との関係
(a) 欠損ダイマー列への As_2 の吸着エネルギー, (b) 中央 As ダイマーの脱離エネルギー。

存性の起源は, 表面での電子的寄与であることが分かる。

同様の結果は, $c(4\times4)$ 表面における過剰 As ダイマーの脱離エネルギーと ΔZ に対しても得ることができる。図3.11(b)に ΔZ の関数としてプロットした過剰 As ダイマーの脱離エネルギーを示す。この図から分かるように, 過剰 As ダイマーの脱離エネルギーは ΔZ の増加とともにほぼ線形に増加する。したがって, As 吸着エネルギー（脱離エネルギー）の強い Ga 被覆率依存性は, エレクトロンカウンティングモデルを通して, ほぼ統一的に説明できることが分かる。

この章で現れた As の吸着エネルギー（脱離エネルギー）と ΔZ との近似的な線形関係は, Ga のマイグレーションポテンシャルなどにおいても成立しており, 化合物半導体全般に適用できる普遍的な関係である[12]。さらに, この関係を用いることによって, 系の全エネルギーに対する電子的寄与 ΔE_{bond} を, 表面の電子数を数えるだけで大まかに評価することができるようになる。すなわち, 系の全エネルギー E はボンド形成の寄与 E_{bond} と電子的寄与による補正項 ΔE_{bond} を用いて簡便な表式 $E = E_{bond} + \Delta E_{bond}$ ($\Delta E_{bond} \propto \Delta Z$) で与えることができる。この簡便な表式は, 現実的な結晶成長シミュレーションへの扉を開く重要な結果である。この表式に基づいた結晶成長のモンテカルロシミュレーション（エレクトロンカウンティング・モンテカルロシミュレーション）が, 引き続いて 3.4 節に示される。

3.4 GaAs の MBE 成長シミュレーション
3.4.1 モンテカルロ計算

基板表面近傍でのミクロスコピックな MBE 成長過程を示すと，図 3.12 のようになる．すなわち，

(1) 真空中に基板が置かれており，表面が露出している．
(2) 表面に原子が飛来する．
(3) 飛来した原子が表面で動き回り（マイグレーション），安定な位置へと収まる．
(4) その結果，原子が表面を覆って原子層を形成．
(5) これが新たな表面となって(2)から(4)の過程を繰り返すことにより，最終的に薄膜となり MBE 成長が完了．

このような時々刻々変化する表面構造，原子のマイグレーションを調べるため

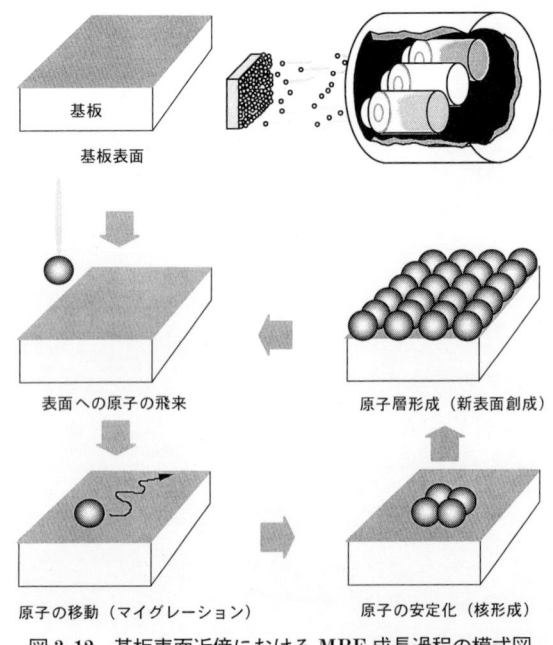

図 3.12　基板表面近傍における MBE 成長過程の模式図

3.4 GaAs の MBE 成長シミュレーション

には，そこで用いる計算方法にも工夫が必要である．序章でも述べたように，動的過程を調べる計算方法としては，モンテカルロ法と分子動力学法が代表的である．第1章で用いられた分子動力学法は，対象とする系の原子間の相互作用ポテンシャル（原子間ポテンシャル）を用いて，ニュートンの運動方程式を数値計算によって解き，系内の原子の運動を直接追跡しようとするものである．この方法は，原子間ポテンシャルさえ与えてやれば，演繹的に原子の移動の様子を調べることができるという利点がある．その反面，計算時間，扱いうる原子数において制約が大きいという欠点もある．この欠点は，モンテカルロ法を用いることで解決される．

モンテカルロと言えば，モナコ公国にある，ルーレットに代表されるカジノで有名な町である．カジノは，「当たるも八卦，当たらぬも八卦」の世界であり，運不運はまさに乱数によって支配される．このことから，乱数を用いた数値計算法の総称として，モンテカルロ法という言葉が用いられるようになった．したがってモンテカルロ法は総称であり，適用する分野によって方法の中身はかなり異なっている[13,14]．さて，乱数をどのように利用するのであろう

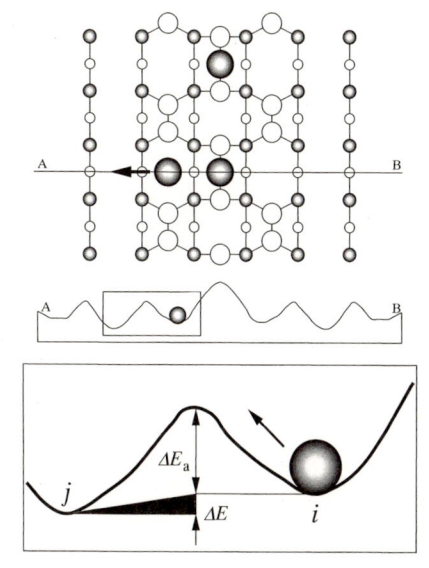

図3.13 モンテカルロ法で重要なエネルギー差 ΔE とエネルギー障壁 ΔE_a

か。モンテカルロ法として，固体物理の分野で広く用いられているのは，メトロポリスモンテカルロ法と呼ばれるものである。これは，ある温度 T における系のエネルギーの最も低い状態（平衡状態）を調べるためのシミュレーションである。例えば，図3.13に示すような原子の位置で特徴づけられる系の状態を考えるとき，状態 i のエネルギーを E_i とする。ここで乱数を用いて，ランダムに選んだ原子について，ランダムな方向に原子を移動させる。得られた配置 j のエネルギー E_j との差 $\Delta E = E_i - E_j$ が負ならば，系の配置を j に変更する。ΔE が正ならば系の配置を更新する確率を $\exp(-\Delta E/kT)$ とする（k はボルツマン定数）。この1回の手続きを1モンテカルロステップと呼ぶ。このアルゴリズムを用いてシミュレーションを続行すると，適当な長さのモンテカルロステップの後，系は平衡状態に十分近くなることが数学的に示されている。メトロポリスモンテカルロ法は，系の平衡状態を得ることを可能にするものである。表面構造がどのように変化していくかは，この方法に基づいて調べられる。

　もう一度図3.12に戻ろう。エピタキシャル成長は，基板表面にランダムに飛来した原子が，ある程度ランダムに表面を移動（マイグレーション）していくことにより進行する。そこでは，原子がある状態 i から状態 j に移動する確率を規定するものは，上記のエネルギー差 $\Delta E = E_i - E_j$ ではなくて，同じく図3.13に示すような状態 i と状態 j との間に存在するエネルギー障壁 ΔE_a である。このときの移動確率は $\exp(-\Delta E_a/kT)$ で与えられることになる。このような確率に支配されるモンテカルロ法は，ストカスティックモンテカルロ法（stochastic は確率を意味する）と呼ばれ，MBE成長シミュレーション

KEYWORD // **SOSモデル**

　Solid on Solid モデルの略称。薄膜成長などのモンテカルロシミュレーションで良く用いられるモデル。単純立方格子を考えて，原子の吸着，移動などの素過程が，すべて単純立方格子上で行われるとするものである。計算の簡単さのために，大規模シミュレーションに多く用いられている。角砂糖が，積み上がっていく様子をイメージすればわかりやすい。

3.4 GaAsのMBE成長シミュレーション

では一般的に用いられる方法である。

エピタキシャル成長へのモンテカルロ法の適用は，Weeks らによって始められた[15]。そこでは，単純立方格子を対象とした SOS (Solid on Solid) モデルに基づいて，高温でのマイグレーション，蒸発，ラフニング転移などの成長過程でのさまざまな現象が取り扱われた。SOSモデルでは単純な格子を仮定するために，原子の移動に制約を余儀なくされるという欠点の一方で，取り扱いが容易で大規模計算が可能であるという利点があり，主に実験結果との比較を目的としてさまざまなシミュレーションが行われてきている[16,17]。特に最近では，SOSモデルの利点を生かしつつ，表面の微細構造の寄与をも考慮した微視的な観点からの解析も試みられている[18]。また計算機の処理能力の向上に伴い，ダイヤモンド構造のような現実の結晶構造を仮定したモンテカルロシミュレーションも盛んになりつつある。ごく最近の Itoh らのシミュレーションは，STM観察結果，第一原理計算結果をも考慮して，現実の再構成表面上での核形成過程を見事に再現している[19]。

ストカスティックモンテカルロ法においては，原子を基板表面のランダムな位置に飛来させ，次式で与えられるジャンプ確率 R に従って表面をジャンプしつつマイグレートさせる。

$$R = R_0 \exp\left(\frac{-\Delta E_a}{kT}\right) \tag{3.44}$$

ここで，R_0 は振動数因子であり，通常 $10^{11} \sim 10^{12}$ (sec^{-1}) 程度の値をもつ。(3.44)式の逆数 $1/R$ は，原子が1回ジャンプするに要する時間に対応する。原子のマイグレーションは，n種類のエネルギー障壁 ΔE_a に対して $1/R$ を求め，時間軸上で $1/R_n$ 刻みでジャンプを起動させることにより行なわれる。したがって，ストカスティックモンテカルロ法の場合には，原子の移動は実時間と対応づけることができる（メトロポリスモンテカルロ法の場合は，モンテカルロステップであったことを思い出されたい）。

以上，2種類のモンテカルロ法について簡単に述べてきたが，これらの特徴をもう一度まとめる。すなわち，メトロポリスモンテカルロ法は，平衡状態を議論するときに用いられ，状態 i と状態 j のエネルギー差に注目して，原子の移動をモンテカルロステップ単位で行なわせる。一方，ストカスティックモン

テカルロ法は，非平衡状態を取り扱い，状態 i と状態 j の間のエネルギー障壁に注目して，原子の移動を実時間で行なわせる．

演習 9．モンテカルロシミュレーション

ストカスティックモンテカルロ法に基づいて，エピタキシャル成長シミュレーションを行ってみよう．ここでは，Si(001)面を基板表面として，4原子層分の Si 原子を供給して，各層が時間と共にどのように覆われていくか，被覆率の時間依存性を調べる．成長温度（℃）と成長速度（ML/s：ML は単原子層を意味する）を設定することにより，成長の様子が微妙に変化することを確認していただきたい．成長温度が高く，成長速度が小さいと，成長表面で原子が十分にマイグレーションすることができる．このために例えば成長開始後1秒において，上層の原子数（被覆率）が減少，下層の原子数（被覆率）が増加して，層状成長により近くなっていくことが理解されよう．

3.4.2 吸着原子のマイグレーション

実際に表面で原子はどのようにマイグレーションしているのであろうか．本節では，図 3.14 に示すような $(2\times4)\beta1$ 表面構造における，Ga 原子のマイグ

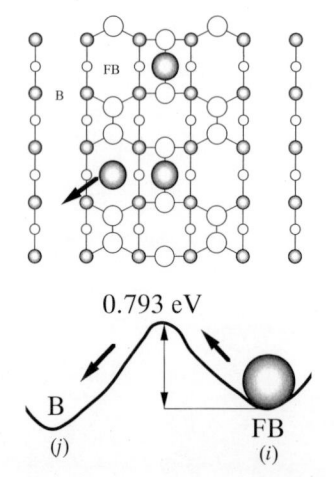

図 3.14 GaAs(001)-$(2\times4)\beta1$ 表面上 Ga 被覆率 3/16 における FB 点と B 点間のエネルギー障壁

3.4 GaAs の MBE 成長シミュレーション

レーションをストカスティックモンテカルロシミュレーションにより考えてみる。この表面は，3列の As ダイマーと4列おきに存在する1列の欠損ダイマーから構成されている。前節で述べたように，マイグレーションを決めるものは，状態間のエネルギー障壁 ΔE_a である。原子がマイグレーションするためには，エネルギー障壁を乗り越える必要がある。ここでもう一度，式(3.44)を思い起こして，3.3節で議論した図3.7のマイグレーションポテンシャルについて，FB点からB点へのジャンプ確率を計算してみよう。FB点からB点にジャンプするためには，中間にあるエネルギーの高い状態を通過しなくてはならない。この場合，そのエネルギー障壁は 0.793 eV である。すなわち，図3.13のエネルギー障壁の模式図と対応させてみれば，i は FB 点，j は B 点，エネルギー障壁 $\Delta E_a = 0.793$ eV とみなすことができる（図3.14）。

式(3.44)において振動数因子 $R_0 = 10^{12} \text{sec}^{-1}$ とすれば，室温 $T=27°C$ のときには，$R=4.82\times 10^{-2} \text{sec}^{-1}$ となる。すなわち吸着原子は，室温においては1秒間に1回動くことすらできないこと，原子のマイグレーションが著しく抑制され，原子にとって安定な格子位置まで到達し得ないことを意味している。一方，典型的な MBE 成長温度 $T=600°C$ においては，FB点からB点へのジャンプ確率 $R=2.65\times 10^7 \text{sec}^{-1}$ となり，原子はポテンシャル障壁を乗り越えて，十分に表面上をマイグレーションし，原子にとって安定な格子位置まで到達することが可能である。これらのことを理解した上で，3.3節に示したさまざまなマイグレーションポテンシャルを考慮して，Ga 原子のマイグレーションをモンテカルロシミュレーションにより調べてみる[20,21]。このときの条件は，成長温度 600°C，成長速度 2 ML/sec（ML は1原子層を意味する），格子サイズ 20×20 である。

図3.15(a)，(b)は，As-安定化 GaAs(001) 表面における Ga 原子の配置を，表面被覆率 $\theta=0.1$ ならびに $\theta=0.25$ におけるスナップショットとして示したものである。この図から明らかなように，被覆率の小さい場合には，Ga 原子は As ダイマー列の上に多数存在すること，被覆率が大きい場合には欠損ダイマー列の領域にも多数の原子が存在していることが分かる。ダイマー列上と欠損ダイマー列上での Ga 原子数の比 n/N（n は Ga 原子数，N は表面格子点の総数 $N=400$）が，表面被覆率の変化および時間に対してどのように変

化してゆくかを示したものが図 3.16 である．成長初期である $\theta<0.1$ においては，大半の Ga 原子はダイマー列上に位置していること，$\theta>0.1$ から急速に欠損ダイマー列へ原子が蓄積され，$\theta>0.3$ では欠損ダイマー列の原子数は

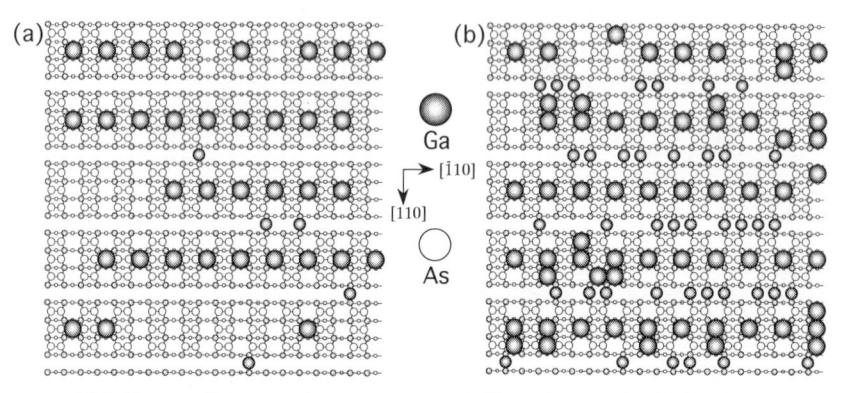

図 3.15 モンテカルロシミュレーションから得られた GaAs(001)-(2×4)β1 表面における Ga 原子配列のスナップショット
[(a) Ga 被覆率 $\theta=0.1$，(b) $\theta=0.25$]

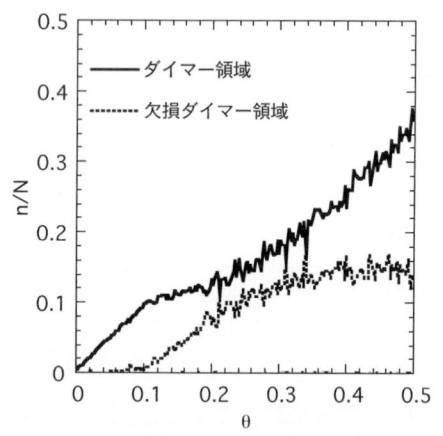

図 3.16 GaAs(001)-(2×4)β1 表面のダイマー領域と欠損ダイマー領域における Ga 原子数比 n/N の Ga 被覆率 θ 依存性
Ga 原子は成長初期にはダイマー領域に存在するが，Ga 原子数の増加に伴い欠損ダイマー領域に存在する傾向が強くなる．

ほぼ一定となり，再びダイマー列上を Ga 原子が占有していく傾向にあることが理解される。これらの結果は，3.3 節に示したマイグレーションポテンシャルの被覆率依存性を反映していること，600°Cのような高温では原子は十分に速くマイグレーションして，安定な格子位置を占めることを示唆している。したがって 600°C程度の高温においては，マイグレーションの過程を除外して，原子にとっての安定位置を議論することで，成長過程の定性的な傾向を示すことができると考えられる。

ここでは，ストカスティックモンテカルロ法に基づくシミュレーションを示したが，このシミュレーションは原子のマイグレーションを考慮するために，計算実行に要する時間が大きくなる。また GaAs においては，Ga 原子の吸着，安定位置への移動に加えて，As 原子の吸着，脱離，安定位置への移動をも考慮する必要がある。しかも，これらの素過程が図 3.4 に示したような複雑な表面上で起こっていることを考え合わせると，エピタキシャル成長過程の全貌を明らかにするためには，より簡便かつ量子論に基づくシミュレーション手法を採用する必要がある。

3.4.3 簡単なエネルギー表式

3.3 節において，As_2 分子の GaAs(001)-(2×4)β1 表面における吸着エネルギー E_{ad} および GaAs(001)-c(4×4)表面における脱離エネルギー E_{de} に関する第一原理計算結果を示した[10]。そこでは，Ga 原子の被覆率の増加につれ，As_2 分子の吸着エネルギー E_{ad} は増加すること，脱離エネルギー E_{de} は減少することが分かった。すなわち，Ga 原子がある程度表面に吸着すると As 原子は，As 被覆率 $\theta_{As} < 1$ の表面では取り込まれやすくなり，$\theta_{As} > 1$ の表面では脱離しやすくなると考えられる。さらに，これら As_2 分子の吸着，脱離エネルギーとエレクトロンカウンティングモデル（EC モデル）との相関を調べた結果，表面上の Ga ダングリングボンド中の電子数変化 ΔZ で整理できることがわかった。すなわち，GaAs(001)表面での Ga 原子と As 原子は，成長素過程において ΔZ が減少するように振る舞うと考えられる。3.3 節で指摘したように，GaAs エピタキシャル成長過程における Ga 原子と As 原子のこのような振る舞いがセルフサーファクタント（self-surfactant）効果である[10]。

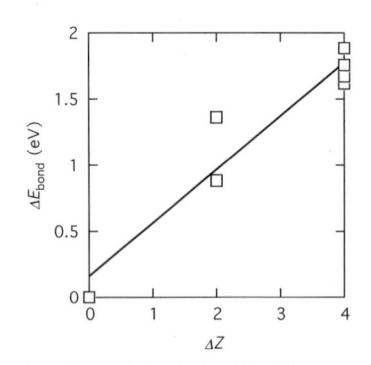

図3.17 Ga ダングリングボンド中の電子数 ΔZ と ΔE_{bond} の関係
EC モデルを満足したときのマイグレーションポテンシャル値を原点としている。

　Ga 原子のマイグレーションについても，Ga ダングリングボンド中の電子数変化 ΔZ との関係が見いだされる[22]。図3.17は，3.3節で示したマイグレーションポテンシャルの計算結果に基づいて，エネルギーと電子数 ΔZ の関係をまとめたものである。ここでは $\Delta Z = 0$ におけるエネルギーを原点としている。エネルギーと電子数は，0.4（eV/electron）の勾配をもつ比例関係にあることが分かる。図3.6に示したように，Ga ダングリングボンド中の電子は伝導帯中にエネルギー準位をもち，As ダングリングボンド中の電子は価電子帯に準位をもつことを考えると，ΔZ が増加することによりエネルギーが高くなるのは妥当な結果といえる。この結果に基づいて，系のエネルギー E を経験的に表すと次のようになる[22]。

$$E = E_{\mathrm{bond}} + \Delta E_{\mathrm{bond}} \tag{3.45}$$

$$E_{\mathrm{bond}} = 1/2 \sum V_{ij} \tag{3.46}$$

$$\Delta E_{\mathrm{bond}} = 0.4 |\Delta Z| \tag{3.47}$$

ここで，E_{bond} はボンドの結合エネルギーであり，序章式(1)の原子間ポテンシャル V_{ij} の和で与えられる。ΔE_{bond} が図3.17から導かれた電子の再配列に起因するエネルギーである。この表式によれば，さまざまな表面再配列構造上の Ga 原子のマイグレーションポテンシャルを容易に計算することが可能である。

　図3.18(a)は，式(3.45)に基づいて計算した(2×4)β2表面上での Ga 原子のマイグレーションポテンシャルを示したものである[22]。欠損ダイマー列に沿

3.4 GaAs の MBE 成長シミュレーション   147

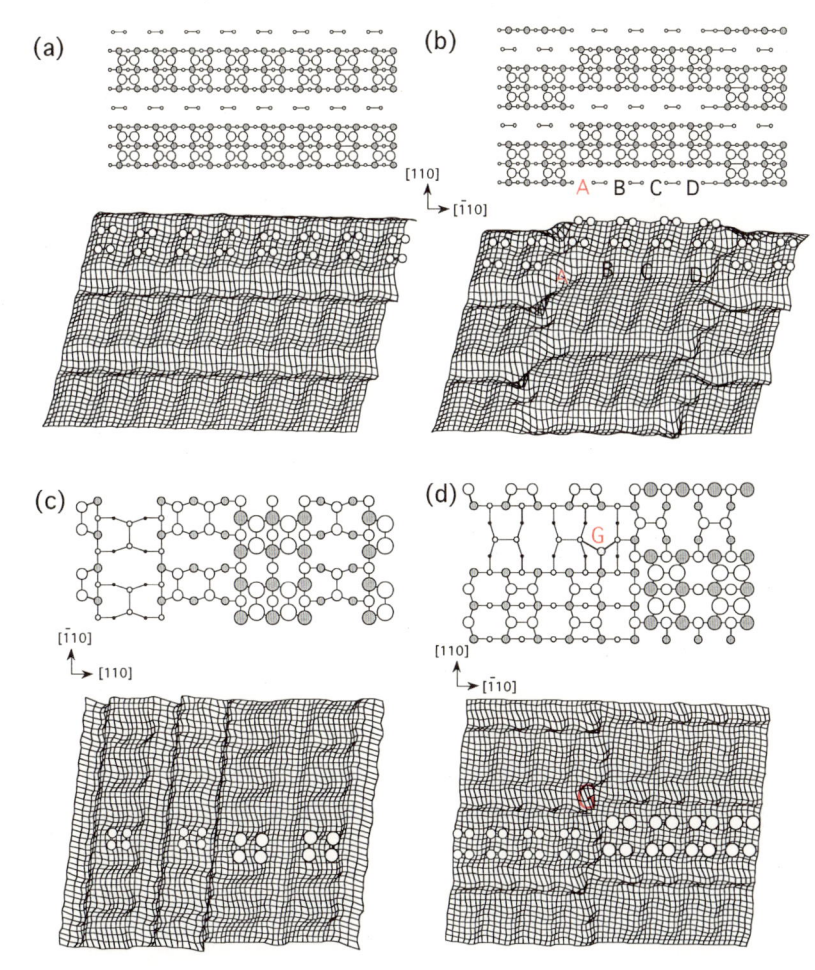

図 3.18　簡便なエネルギー表式から見積もった GaAs(001)-(2×4)β2 表面における
マイグレーションポテンシャル
(a)平坦表面，(b)As ダイマーキンクが存在する表面，(c)A ステップが存在する表面，
(d)B ステップが存在する表面。

って谷となっており，エネルギー的に安定な格子位置が存在することが分かる。これは，この格子位置を Ga 原子が占めることで，隣接する Ga 原子とダイマーを形成して，Ga ダングリングボンド中の電子数 ΔZ の増加，ひいては ΔE_{bond} の増加を抑制することに起因している。図 3.18(b)は，As ダイマーキ

ンクが存在する$(2\times4)\beta2$表面上でのGa原子のマイグレーションポテンシャルを示したものである[22]。図3.18(a)と同様に安定な格子位置は，欠損ダイマー列上に存在することが分かる。特に，キンク位置であるA近傍が最安定となる。この理由は次のように考えられる。B, C, Dに位置したGa原子は，下方のAsダイマーと結合し，強い引っ張りを受ける。一方，Aに位置するGa原子は，1個のAsダイマーと通常の面心副格子位置に存在するAs原子から弱い引っ張りを受けるだけであり，E_{bond}において有利な状況となっている。このためにGa原子は，キンク位置で安定化される。ステップ近傍においては，どうであろうか。

図3.18(c), (d)は，それぞれ$(2\times4)\beta2$表面上のAステップとBステップ近傍での，Ga原子のマイグレーションポテンシャルを示したものである[22]。Aステップ端では，ステップが存在することによるポテンシャルの変化がほとんど認められない。一方，Bステップ端においては格子位置Gが，Ga原子にとって安定な格子位置となることが分かる。これは，原子配列が図3.18(b)のAsダイマーキンク近傍と全く同様であることに起因している。この傾向は，高エネルギー電子線回折（RHEED）観察によるステップ成長の臨界温度がAステップとBステップで異なるという実験結果と対応していると考えられる[23]。そこでは，Ga原子はAステップよりもBステップに優先的に吸着すると考えることで，実験結果を解釈している。これらの結果を簡単にまとめれば，Ga吸着原子にとっての安定位置は，Gaダングリングボンド中の電子数の増加を抑制（ΔE_{bond}において有利）すると共に，歪みエネルギーにおいても有利（E_{bond}において有利）な状況をもたらす格子位置と結論づけられる。Asダイマーキンク位置とBステップ端は，上記の条件を共に満たしている。

3.4.4 MBE成長シミュレーション

これまでの結果を踏まえると，GaAs(001)面上でのGaAs薄膜のエピタキシャル成長過程を量子論的に考える際に，以下の点が重要となる。

(1) 表面構造はECモデルに支配される。
(2) 表面上のGa原子は，ダングリングボンド中の電子数ΔZを最小化する

3.4 GaAs の MBE 成長シミュレーション

ような格子位置へとマイグレーションする。

(3) As 原子の吸着, 脱離は, Ga 被覆率が大きくなる ($\theta_{Ga} \geq 1/4$) と起こり, 定性的な傾向は EC モデルにより説明される。

これらの結果を考慮して, 各種ボンドの結合エネルギー計算とダングリングボンド中の電子数計算を行わせながら, メトロポリスモンテカルロシミュレーションを実行する。これをエレクトロンカウンティングモンテカルロ (ECMC) 法と呼ぶことにする[24]。以下では, この方法を用いて 4×4 表面格子上で, GaAs(001)-(2×4)β2 および c(4×4)表面が, エピタキシャル成長初期過程でどのように変化していくかを調べる。

まず, 通常の分子線エピタキシャル (MBE) 成長において一般的に見られる GaAs(001)-(2×4)β2 表面での成長過程を考える。この表面は, 2 列の As ダイマーと 2 列の欠損ダイマーから構成される As 被覆率 $\theta_{As}=0.75$ をもつ表面である[図 3.19(a)]。シミュレーションにおいては, 成長中の As 被覆率を通常の MBE 成長における範囲 $0.5 \leq \theta_{As} \leq 0.75$ となるように, 4 個ずつの Ga および As を交互供給した。ECMC 法による, この表面上での GaAs エピタキシャル成長初期過程のシミュレーション結果を図 3.19 に示す[22,24,25]。

(2×4)β2 表面に飛来した Ga 吸着原子は, Ga 原子同士のダイマー化により ΔZ の増加を抑制しつつ, 欠損ダイマー列を優先的に埋めて[図 3.19(b)-(d)]安定な(2×4)α 表面へと変化する[図 3.19(e)]。この状態では (2×4)表面は Ga 過剰となるために, As 原子の吸着エネルギーが著しく増大する。すなわち, 表面が As を欲するようになり As 原子の吸着が始まり, 3 列の As ダイマー列, 1 列の欠損ダイマー列から構成される(2×4)β1 表面[図 3.19(i)]となる。この表面も, EC モデルを満足する安定な表面である。この変化の過程での電子数変化を図 3.19 中に数値で示す。ダングリングボンド中の電子数 ΔZ は±1 の範囲内で変化し, 原子が 2 個飛来するたびに EC モデルを満足する状態が出現している。このことから成長は, エネルギー的に安定な状態を経て進行していることが理解される。

この上に吸着した Ga 原子は, Ga 原子の被覆率が小さい状態 ($\theta_{Ga}<1/8$) では, ダイマー列上に存在し[図 3.19(j), (k)], 被覆率が大きくなると欠損ダイマー列を占有する傾向にあること[図 3.19(l), (m)], その後 As 原子

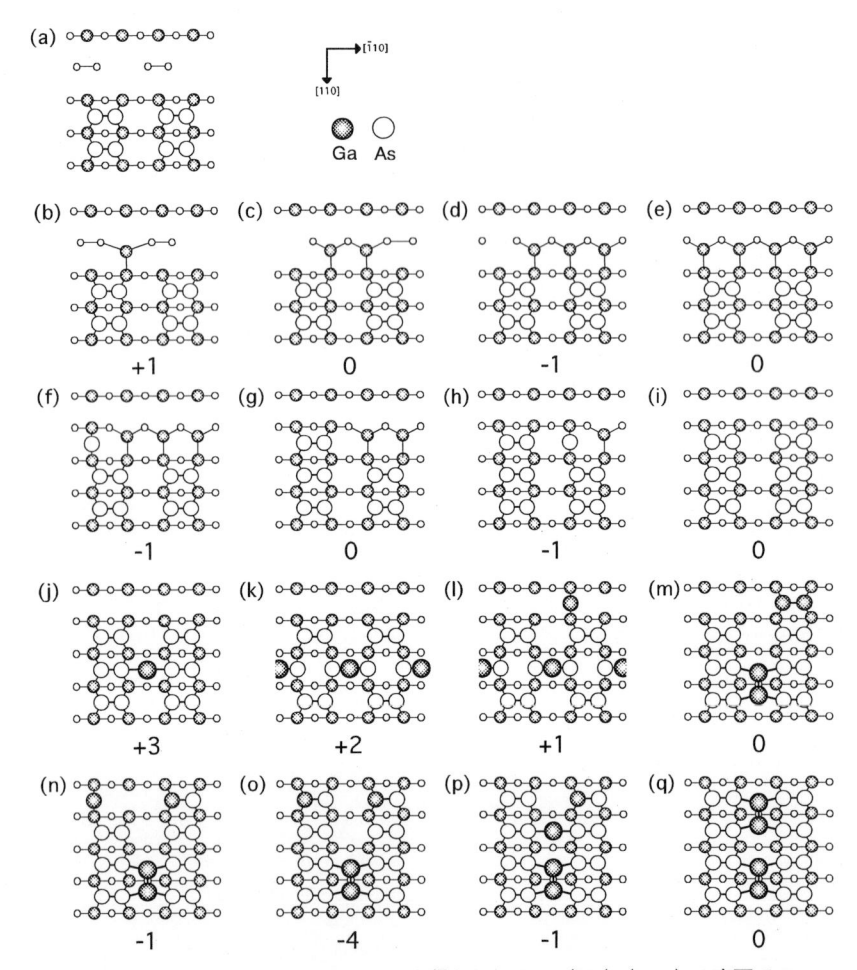

図 3.19 ECMC シミュレーションから得られた GaAs(001)-(2×4)β2 表面での GaAs 成長過程

図中の数値は Ga ダングリングボンド中の電子数を表す。

が欠損ダイマー列を占めるようになり[図 3.19(n), (o)]，さらにその上を Ga 原子が覆い始めていく[図 3.19(p), (q)]．図 3.19 から，この欠損ダイマー列を埋める過程においては，ダングリングボンド中の電子数 ΔZ はやや大きな変動を示すものの，図 3.19(m)，図 3.19(q)の状態においては EC モデルを満足していることが分かる．

3.4 GaAs の MBE 成長シミュレーション

このように表面上の吸着原子と表面原子は，ダングリングボンド中の電子をキャッチボールさせながら，巧みに足し算，引き算をして，自身にとっての安定な格子位置へ自身を導いていくと考えられる。実際 Avery らは，最近の走査トンネル顕微鏡（STM）観察に基づいて，GaAs(001)-(2×4)β2 表面上での GaAs 成長初期過程が，図 3.19 に示したシミュレーション結果と一致することを指摘している[26]。さらに (2×4)β2 表面上の B ステップ近傍での成長過程のシミュレーション結果を図 3.20 に示す。B ステップ近傍が原子の優先吸着位置となり，そこから成長が進行していく様子が理解される。本シミュレーションにより得られた原子配列も，Tsukamoto らによる最近の STM 観察により検証されている[27]。

GaAs(001)-c(4×4)表面は，有機金属気相エピタキシャル（MOVPE）成長あるいは As 圧の高い MBE 成長において現れる表面である［図 3.21(a)］。この As 被覆率 $\theta_{As}=1.75$ の表面は，2 層構造の As 層で形成されており，最

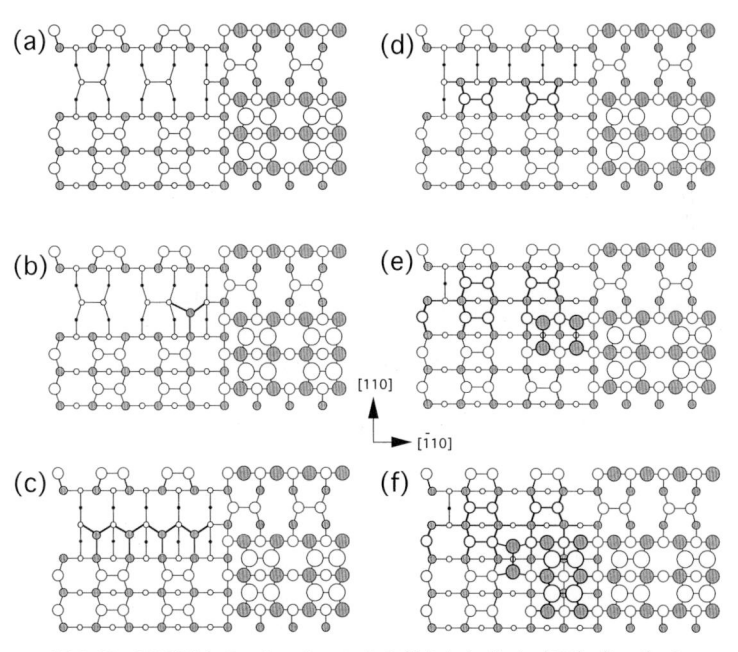

図 3.20　ECMC シミュレーションから得られた GaAs(001)-(2×4)β2 表面 B ステップ近傍での GaAs 成長過程

表層は3個のAsダイマーと4個おきに存在する1個の欠損ダイマーから構成されている。Sasaki and Yoshidaは，さまざまなAs安定化GaAs(001)表面での有機金属分子線エピタキシャル（MOMBE）成長における，トリメチルガリウムの吸着過程について分子線散乱を用いた系統的な検討を行った[28]。彼らによれば，$c(4\times4)$表面にGaを0.46原子層堆積した表面での信号強度の時間変化が，(2×4)表面にGaを0.018原子層堆積した表面での結果と一致すること，したがって$c(4\times4)$表面のAs被覆率は$\theta_{As}=1.19$と見積もられることが示されている。換言すれば，As被覆率$\theta_{As}=1.19$の$c(4\times4)$表面にGa原子を0.46原子層堆積させると，表面のAs被覆率は$\theta_{As}=0.732$になるということに対応する。しかしながら図3.4(c)からも理解されるように，$c(4\times4)$表面のAs被覆率は，一般に$\theta_{As}=1.75$であることが知られており，$\theta_{As}=1.19$という小さい値となること，しかも(2×4)表面と似通った結果をもたらす原因については明らかになっていない。

　この原因を明らかにするために，$c(4\times4)$表面に0.5原子層のGa原子を供給したときのECMCシミュレーションを行った。シミュレーション結果とそのときのダングリングボンド中の電子数変化を図3.21に示す[22,25]。$c(4\times4)$表面に飛来したGa吸着原子は，エネルギー的に有利な欠損ダイマー位置を優先的に埋めて，Gaダイマーを形成していく[図3.21(b)-(e)]。この状態で表面からのAs原子の脱離が始まり，4個のAsダイマーと2個のGaダイマー，2個の欠損ダイマーから構成される表面[図3.21(i)]となる。この表面は，ECモデルを満足する安定な表面である。この変化の過程での電子数変化を見れば，ダングリングボンド中の電子数ΔZは，Ga原子の吸着に伴い大きく増加するが，As原子の脱離によりECモデルを満足する状態へと回帰していることが分かる。

　この上にGa原子が供給されると，Ga吸着原子は，脱離したAsダイマー位置を占有するようになる[図3.21(j)-(m)]。この過程でΔZは大きく増加し，その後のAs原子の脱離に伴い再び安定な$\Delta Z=0$の状態を回復する[図3.21(q)]。しかしながらこの表面は，最安定構造ではない。このままの状態で，原子の交換を許しながら安定構造を探っていくと，図3.21(r)に示すような，エネルギー的に不利なGa-Gaボンドをエネルギー的に有利なGa-As

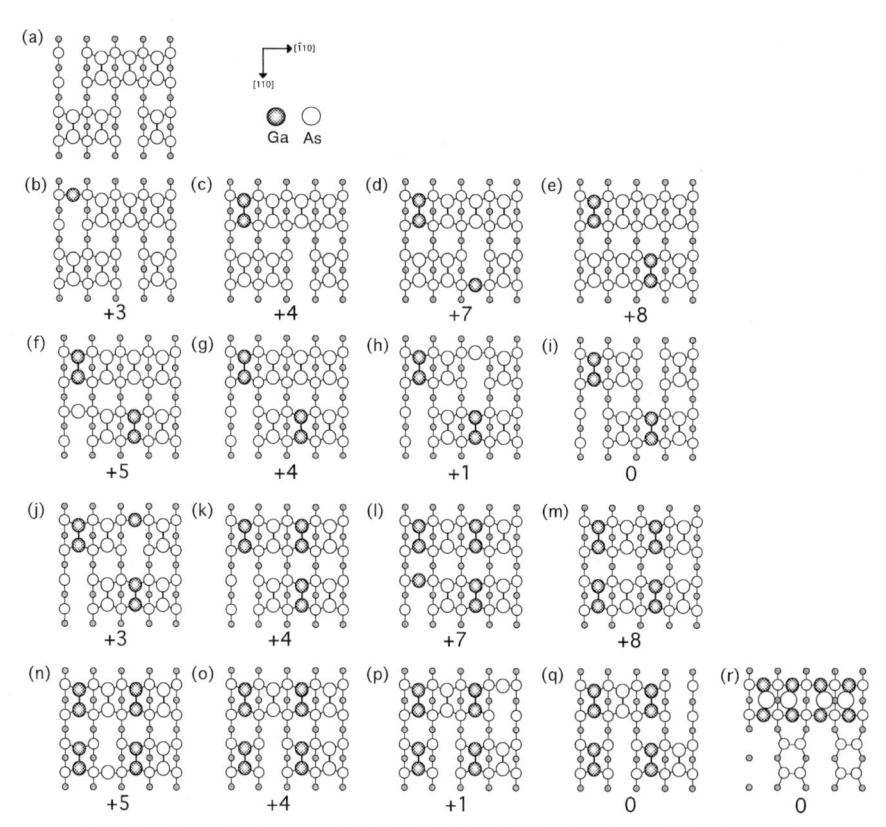

3.4 GaAs の MBE 成長シミュレーション

図3.21 GaAs(001)-c(4×4)表面に Ga 原子が吸着したときの表面原子配列変化
図中の数値は Ga ダングリングボンド中の電子数を表す。

ボンドで置き換えた表面構造が出現する。これは，1列の As ダイマー列と3列の欠損ダイマー列からなる表面であり，このときの As 被覆率は $\theta_{As}=0.75$ である。

図3.21(q)から Ga 原子を 0.5 原子層堆積させたときの表面は，As 脱離に伴い実効的に As 被覆率 $\theta_{As}=1.25$ の c(4×4)表面に Ga 原子を 0.5 原子層堆積させたときの表面と等価であることが分かる。さらに図3.21(q)，(r)から，As 被覆率 $\theta_{As}=1.25$ の c(4×4)表面に Ga 原子を 0.5 原子層堆積させると，最終的に表面の As 被覆率は $\theta_{As}=0.75$ になっていくと考えられる。すなわち本シミュレーション結果は，上記の実験結果（c(4×4)表面の $\theta_{As}=1.19$，

Ga原子を0.46原子層堆積させたときの$\theta_{As}=0.732$)に対する1つの解釈を与えていると考えることができる。

以上のシミュレーション結果の妥当性については，今後さらなる検討が必要と考えられるが，GaAsエピタキシャル成長は，吸着原子と表面原子がお互いの電子を使って，安定位置に関する情報交換を繰り返すことでマイグレーション，吸着，脱離を繰り返しながら進行すると考えるとうまく説明できそうである。

おわりに

これまでに示した結果からGaAsエピタキシャル成長は，ダングリングボンド中の電子を使って，安定な格子位置を探るための情報交換をしながら，ECモデルを満足する状態を経由して進行していると考えることができる。第一原理計算からも明らかなように，ECモデルを満足する表面は，半導体的なバンド構造をもつ。すなわち「GaAsエピタキシャル成長は，ダングリングボンド中の電子が，半導体の性質を保つように再配置しながら進行する」と考えても良いであろう。著者らの最近の研究は，GaAs(001)表面上のステップ，ダイマーキンク周囲でのGaAs成長初期過程，さらにはGaAs(001)表面上でのSi原子の吸着過程においても，ダングリングボンド中の電子が重要な役割を果たしていることを明らかにしている[22,29]。以上の事実は，半導体のエピタキシャル成長過程を考える上で量子論的アプローチが不可欠であることを意味しており，今後さまざまな半導体の組み合わせにおけるエピタキシャル成長過程の解明，材料設計をにらんだ原子配列予測などへの展開が期待される。

文献

1) Hohenberg, P., Kohn, W.: Inhomogeneus electron gas. *Phys. Rev.* **136**, B864-B871 (1964).
2) Kohn, W., Sham, L. J.: Self-consistent equations including exchange and correlation effects. *Phys. Rev.*, **140**, A1133-A1138 (1965).
3) パール, R. G.・ヤング, W. (狩野覚, 関元, 吉田元二, 監訳)：原子・分子の密度汎関数法, シュプリンガー・フェアラーク東京（1996）.

4) Ceperley, D. M., Alder, B. J.: Ground state of electron gas by a stochastic method. *Phys. Rev. Lett.*, **45**, 566-569 (1980).

5) Perdew, J. P., Zunger, A.: Self-interaction correction to density-functional approximations for many-electron systems. *Phys. Rev. B*, **23**, 5048-5079 (1981).

6) Perdew, J. P., Chevary, J. A., Vosko, S. H., Jackson, K. A., Pederson, M. R., Singh, D. J., Fiolhais, C.: Atoms, molecules, solids, and surfaces: Applications of the generalized gradient approximation for exchange and correlation. *Phys. Rev. B*, **46**, 6671-6687 (1992).

7) Hashizume, T., Zue, Q. K., Zhou, J., Ichimiya, A., Sakurai, T.: Structures of As-richGaAs(001)-(2×4) Reconstructions. *Phys. Rev. Lett.*, **73**, 2208-2211 (1994).

8) Northrup, J. E., Froyen, S.: Structures of GaAs(001) surfaces: The role of electrostatic interactions. *Phys. Rev. B*, **50**, 2015-2018 (1994).

9) Shiraishi, K: First-principles calculations of surface adsorption and migration on GaAs surfaces. *Thin Solid Films*, **272**, 345-361 (1996).

10) Shiraishi, K., Ito, T.: Ga-adatom-induced As rearrangement during GaAs epitaxial growth: Self-surfactant effect. *Phys. Rev. B*, **57**, 6301-6304 (1998).

11) Biegelsen, D. K., Bringans, R. D., Northrup, J. E., Swartz, L. E.: Surface reconstructions of GaAs(100) observed by scanning tunneling microscopy. *Phys. Rev. B*, **41**, 5701-5706 (1990).

12) Ito, T., Shiraishi, K.: Theoretical Investigation of Initial Growth Process on GaAs(001) Surfaces. *Surf. Sci.*, **386**, 241-244 (1997).

13) 川添良幸・三上益弘・大野かおる:コンピュータ・シミュレーションによる物質科学―分子動力学法とモンテカルロ法. 共立出版 (1996)

14) 神山新一・佐藤明:モンテカルロ・シミュレーション. 朝倉書店 (1997)

15) Weeks, J. D., Gilmer, G. H., Jackson, K. A.: Analytical theory of crystal growth. *J. Chem. Phys.*, **65**, 712-720 (1976)

16) 宮崎剛英・岡崎誠・青木秀夫:格子非整合エピタキシーのシミュレーション. 固体物理, **24**, 37-47 (1989)

17) 川村隆明:Si(100)上のSiのMBEシミュレーション. 固体物理, **26**, 37-47 (1991)

18) Ishii, A., Kawamura, T.: Kinetics of homoepitaxial growth on GaAs(100)

studied by two-component Monte Carlo simulation. *Appl. Surf. Sci.*, **130-132**, 403-408 (1998)

19) Itoh, M., Bell, G. R., Avery, A. R., Jones, T. S., Joyce, B. A., Vvedensky, A. A.: Island nucleation and growth on reconstructed GaAs(001) surfaces. *Phys. Rev. Lett.*, **81**, 633-636 (1998)

20) Ito, T., Shiraishi, K., Ohno, T.: A Monte Carlo simulation study for adatom migration and resultant atomic arrangements in $Al_xGa_{1-x}As$ on a GaAs(001) surface. *Appl. Surf. Sci.*, **82-83**, 208-213 (1994)

21) 伊藤智徳：モンテカルロ法による MBE 成長シミュレーション．応用物理, **63**, 132-140 (1994)

22) Ito, T., Shiraishi, K.: Theoretical investigations of adsorption behavior on GaAs(001) surfaces. *Jpn. J. Appl. Phys.*, **37**, 4234-4243 (1998)

23) Yamaguchi, H., Horikoshi, Y.: Influence of an As-free atmosphere in migration-enhanced epitaxy on step-flow grwoth. *Jpn. J. Appl. Phys.*, **30**, 802-808 (1991)

24) Ito, T., Shiraishi, K.: A Monte Carlo simulation study on the structural change of the GaAs(001) surface during MBE growth. *Surf. Sci.*, **357-358**, 486-489 (1996)

25) 伊藤智徳：GaAs(001)表面薄膜成長初期過程の量子論的シミュレーション．表面科学, **19**, 665-671 (1998)

26) Avery, A. R., Dobbs, H. T., Holmes, D. M., Joyce, B. A., Vvedensky, D. D.: Nucleation and growth of islands on GaAs surfaces. *Phys. Rev. Lett.*, **79**, 3938-3941 (1997)

27) Tsukamoto, S., Koguchi, N.: Atomic-level in situ real-space observation of Ga adatoms on GaAs(001)(2×4)-As surface during molecular beam epitaxy growth. *J. Cryst. Growth*, **201-202**, 118-123 (1999)

28) Sasaki, M, Yoshida, S.: Stoichiometry- and bond-structure-dependent decomposition of trimethylgallium on As-rich GaAs(100) surface. *J. Vac. Sci. Technol. B*, **10**, 1720-1724 (1992)

29) Shiraishi, K., Ito, T.: Theoretical investigation of the adsorption behavior of Si adatoms on GaAs(001)-(2×4) surfaces. *Jpn. J. Appl. Phys.*, **37**, L1211-L1213 (1998)

coffee break　　人間ポテンシャル

　多くの数式を見飽きたところで，ここで一息つきましょう。ポテンシャルといえば，原子間ポテンシャル，クーロンポテンシャル，マイグレーションポテンシャル，「空間のポテンシャル中に存在する1個の電子」なんて記述も出てきましたね。中学校の理科の授業だったかいつだったか忘れましたが，確か位置エネルギーの説明のところでポテンシャルという言葉に初めて出会った記憶があります。「なぜ位置エネルギーのことをポテンシャルエネルギーと呼ぶのだろう？」当時の素朴な疑問でした。ポテンシャル（potential）を英和辞典で調べてみると，「可能性，潜在力」という記述があります。日常の会話の中で「あの人はポテンシャルのある人だ」とか「あの人は口は達者だけれどポテンシャルは低い」といった表現を使うときは，このことを指しているのだと思います。

　ちょっと位置エネルギーの説明に戻ってみましょう。質量 m の物体を高さ h まで持ち上げるとき，物体になされた仕事 W は

$$W = mgh$$

です。すなわち重力と重力の方向に動いた距離との積が仕事になります。この物体をそこから落下させると，速度 v は

$$v = \sqrt{2gh}$$

となります。物体は元にあった位置に戻っているのに，速さだけが増加したことになります。このとき，落下地点に「くい」でも置いておけば，仕事をさせることができます。このことから，速さのある物体は仕事をする能力があることがわかります。また高いところにある物体は，落下によって速度を増加させて，仕事をする能力を獲得することができますから，高いところにある物体は「仕事をする能力（エネルギー）」を潜在的にもっていることになります。これが位置エネルギーです。位置エネルギーをポテンシャルエネルギーと呼んだのは，こういう理由からだったんですね。

　このようにポテンシャルは，我々が注目している対象に元から潜んでいる何かと考えることができるでしょう。そう考えれば「空間のポテンシャル」という表現も何となく分かるような気がします。でもその実体は？もう一度序章の図2を見てください。そこには原子同士の相互作用とイオンと電子まで考えたときの相互作用が記載されています。実はここに空間のポテンシャルの正体が示されています。固体を原子のレベルで考えるときは，原子と原子の間の空間に潜んでいるもの V_{ij} が空間のポテン

シャルです．これは，そのものずばり原子間ポテンシャルと呼ばれます．一方，電子とイオンのレベルまで考えるときは，少々複雑になります．電子と電子，イオンと電子，イオンとイオンの間の空間に潜んでいるものを考えなくてはなりません．このようにポテンシャルといっても，どの立場で考えるかで定義は変わってきます．簡単に「原子が感じるポテンシャル」，「電子が感じるポテンシャル」などの表現を使えば，イメージを理解しやすいのではないかと思います．

　こう考えてくると，我々の日常の空間にもポテンシャルが存在しているようにも思えます．「人が感じるポテンシャル」とでも言いましょうか．例えば，友人から感じるポテンシャル（リラックス，リラックス），上司から感じるポテンシャル（う〜ん，これは通常プレッシャーと呼ばれるものか）等々．こちらが相手を嫌いなときは，相手もこちらを嫌いで，こちらが好意を抱いているときは，相手も好意を抱いていることって多いですものね．これは人間ポテンシャルのなせる技と考えることもできそうです．人と人との相性なんてものは，そんなものかもしれません．「え？人間ポテンシャルでは何か変な感じがするって？」「これは人間（にんげん）とは読みません．人間（じんかん）ポテンシャルですよ!?」

終　これからの結晶成長シミュレーション

はじめに

　原子，電子といったミクロなスケールで，結晶成長のダイナミクスを見てきた。それぞれの話題において，計算科学の有効性も理解していただけたのではないかと思う。しかしながら，これらミクロなスケールでの素過程が，どのように絡み合って，最終的に我々が目にすることのできるマクロなスケールでの結晶へと成長していくのかについては，アプローチも含めて多くの課題が残されている。本章では，ミクロからマクロへのアプローチにおける課題とその解決策としての一例を挙げて，これからの結晶成長シミュレーションについて考えてみたい。

1. 残された課題：ミクロとマクロのはざまで

　これまで結晶成長に関連する微視的（ミクロ）シミュレーションを見てきた。ミクロシミュレーションは，原子・分子などの粒子や時には電子などの微視的で離散的なものの運動を追跡することにより，現象を解明しようとする方法である。第1章では，バルク結晶成長を取り上げ，分子動力学法により時々刻々の原子の運動の様子を，融液中や結晶成長界面にまで入り込んで調べた。第2章では，さらに原子軌道を考えることで，半導体表面における有機原料の反応過程を電子のレベルから解釈することを試みた。第3章においては，やはり電子レベルから半導体表面での原子の吸着，移動，脱離といったエピタキシャル成長素過程を解析し，モンテカルロ法により表面原子配列の動的変化にまで拡張した。これらのシミュレーションにより，結晶成長におけるミクロスケールでの振る舞いについては，ずいぶん明確になってきたように思える。

　一方，ミクロシミュレーションの対極に，巨視的（マクロ）シミュレーションがある。バルク結晶成長に関するマクロシミュレーションを例に考えてみよ

う。10^{23}個のオーダの現象を扱うマクロシミュレーションでは，系は連続体とみなされ，ナビエ・ストークス (Navier-Stokes) 方程式，エネルギー方程式，物質の輸送方程式などの支配方程式を解く。その結果から対流が結晶成長に及ぼす影響や種々のパラメータの影響を解析している。これらの詳細は続刊の第7巻「流れのダイナミクスと結晶成長」で主に扱われるので，是非お読みいただければと思う。このように我々が通常観測している現象の多くは，連続体として振る舞っており，マクロの立場からのシミュレーションは直観的な理解を助け，実用上きわめて有用である。

しかしながら，これらのマクロ現象も非常に多くの原子の集団運動の結果として出現している。すなわち，「マクロ現象はミクロ現象の結果として現れている」。それでは，マクロ現象とミクロ現象はどのようにつながっているのであろうか。実は，このマクロ現象とミクロ現象をつなぐメゾスコピック領域の現象が，よく分かっていない。したがって，上記の「」中の文章は，「マクロ現象はミクロ現象の結果として現れているはずである」と言い直さなくてはならない。図1は「シリーズ：結晶成長のダイナミクス」における全7巻の相関

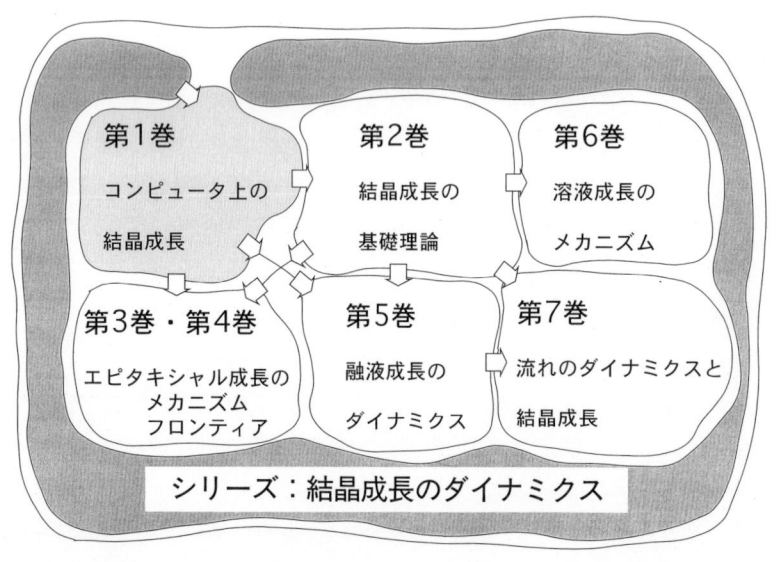

図1. シリーズ：結晶成長のダイナミクスにおける全7巻の相関

を示している。第1巻のミクロシミュレーションは「木を見て森を見ず」，第7巻のマクロシミュレーションは「森は見えるが，木は見えず」という感は否めない。メゾスコピック領域の現象の取り扱いについては，続刊の第2巻「結晶成長の基礎理論」にヒントがあるように思える。そこでは，統計熱力学を中心にして，ミクロ現象を扱った第1巻とマクロ現象を扱う第7巻の橋渡しとなる内容が含まれている。これも是非，参考にしていただきたい。読者の皆さんには，これら7巻を読んでいただいて，「木を見て，なおかつ森も見る」ためのアプローチを考えていただければと思う。次節にミクロからマクロへのアプローチの一例を挙げてみたい。

2. ミクロからマクロへのアプローチ

序章で「今後は，ナノ構造に代表される微細な構造をもつ素子が，高度情報社会の担い手となるであろう。このような微細構造を制御しつつ，結晶を成長させるためには，結晶成長を基本的な立場から理解することが不可欠である」という一文を載せた。このナノ構造を形成するための重要な技術の一つとして，複合ファセット基板を用いたエピタキシャル成長がある。相異なる指数面からなる複合ファセット表面上では，成長条件により原子が一つの指数面からもう一つの指数面へ流れ込むという，拡散の異方性が生じる。

ここで，GaAsの(001)面と(111)B面からなる複合ファセット表面を考えてみよう。GaAsのMBE成長において，As圧の低い領域 [$P_{As} < 1.4 \times 10^{-8}$(Pa)] と高い領域 [$P_{As} > 3.6 \times 10^{-6}$(Pa)] では(111)B面から(001)面へGa原子が流れ込むことが知られている[1]。このときの表面再構成構造は，(001)-(2×4)$\beta 2$構造と(111)B-($\sqrt{19} \times \sqrt{19}$)構造 [$P_{As} < 1.4 \times 10^{-6}$(Pa)] あるいは(111)B-($2 \times 2$)構造 [$P_{As} > 3.6 \times 10^{-6}$(Pa)] である。この現象を解釈するために，Ga原子のマイグレーションポテンシャル計算を行った[2]。GaAsの(001)-(2×4)$\beta 2$/(111)B-(2×2)複合ファセット表面に関する計算結果と表面構造を図2に示す。この図から明らかなように(111)B面の方が，Ga原子にとってエネルギー的に不利であり，(001)面の方へ流れ込みやすいことが分かる。これは，(111)B面上ではGa原子は配位数が小さい状態でAs原子と結合しており，大きな配位数をもちうる(001)面上の欠損ダイマー列上の格子位置に比べ

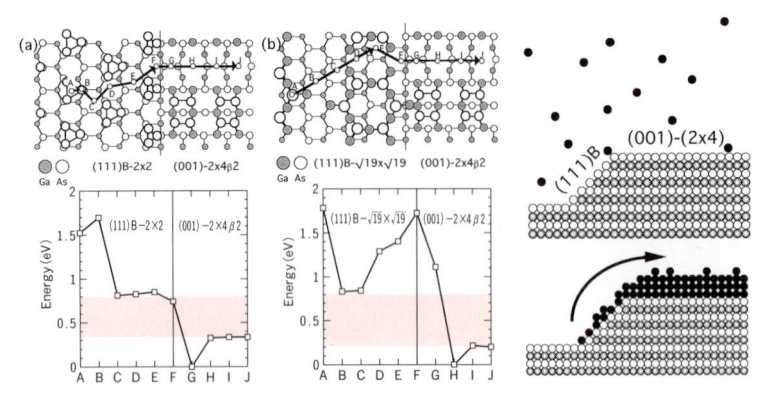

図2. GaAs(001)/(111)B複合ファセット表面におけるGa原子のマイグレーションポテンシャルの計算結果
(a) GaAs(001)-(2×4)β2/(111)B-(2×2)，(b) GaAs(001)-(2×4)β2/(111)B-($\sqrt{19}\times\sqrt{19}$)における結果。陰影部は，吸着エネルギーの差に対応する。

て，電子数的にもひずみエネルギー的にも不利な状況となっているためである。

この2面間のマイグレーションポテンシャルの差（図中の陰影部）は，吸着エネルギーの差に対応する。(001)-(2×4)β2表面と(111)B-(2×2)表面とのエネルギー差は，0.49 (eV) と見積もることができる。すなわちGa原子は(001)-(2×4)β2表面に優先的に吸着すること，これに加えて(111)B面上に吸着したGa原子も(001)面に流れ込んでくる傾向にあると考えることができる。このように定性的傾向については，ミクロシミュレーションである程度議論することができるが，これだけでは実際に我々が目にすることができるマクロな実験結果と直接関係づけることはできない。

では，どのようにすれば目に見える形にすることができるのであろうか。ここでは余り厳密に考えないで，簡単なアプローチを考えてみよう[3]。GaAs(001)面と(111)B面の複合ファセット面の断面を考える。こうすれば，1次元として計算することが可能となる。ある格子位置iに存在する原子が，隣接する格子位置$i+1$と$i-1$との間を行き来した結果，格子位置iにおける原子数n_iがどのように変化するかを近似的に表すと次のようになる。

$$\Delta n_i \propto - n_i(N - n_{i-1}) \exp\{(-E_{i-1} + E_i - E_\mathrm{b})/kT\}$$

$$- n_i(N - n_{i+1}) \exp\{(-E_{i=1} + E_i - E_b)/kT\}$$
$$+ (N - n_i)n_{i+1} \exp\{(-E_i + E_{i+1} - E_b)/kT\}$$
$$+ (N - n_i)n_{i-1} \exp\{(-E_i + E_{i-1} - E_b)/kT\} \quad (1)$$

ここで，N は総原子数，E_{i-1}，E_i，E_{i+1} は格子位置 $i-1$，i，$i+1$ に原子が位置したときのエネルギー，E_b は原子が隣接する格子位置へジャンプするときのエネルギー障壁，k はボルツマン定数，T は成長温度である．式(1)の第1項，第2項は格子位置 i からの原子の流出を，第3項，第4項は原子の流入と対応している．E_{i-1}，E_i，E_{i+1}，E_b に図2から得られたデータを代入して数値的に解くと，図3を得る．(001)面の方が(111)B面よりも大きな膜厚（$t_{001} > t_{111B}$）となっていることは一目瞭然である．ここまで来ると，マクロスコピックな実験結果と直接的な比較が可能になる．このように，ミクロシミュレーションにより求めた基礎データを用いて，系を簡単化してミクロからマクロへの拡張を図るというのが一つの方策として考えられる．ここでは簡単な例を示したが，さらに工夫すればさまざまなアプローチが考えられるであろう．柔軟な頭をもった皆さんに是非考えていただきたい課題である．

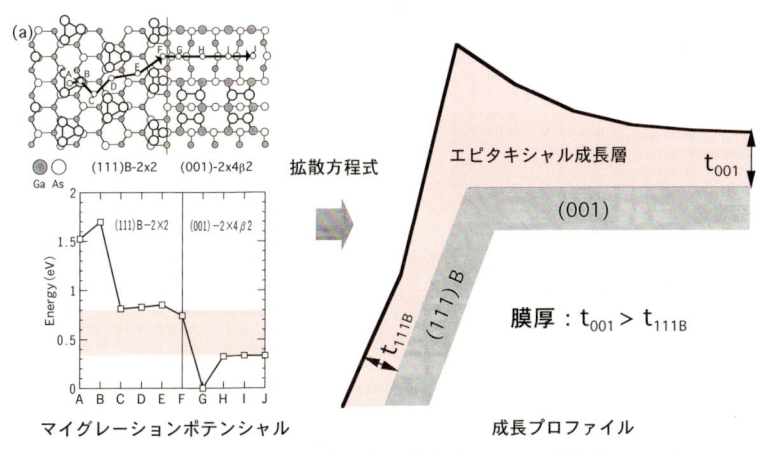

図3．GaAs(001)-(2×4)β2/(111)B-(2×2)における成長プロファイル
図2(a)のミクロシミュレーション結果に基づいて，マクロスコピックな成長プロファイルを予測した例．

おわりに

　これからの結晶成長シミュレーションが，どのような方向へ進むのか。人それぞれの立場によってさまざまな可能性が考えられる。終章ではミクロとマクロの接点を求めることの重要性を指摘した。コンピューターの処理能力の向上は，パソコン上で結晶成長シミュレーションを可能にするところまで来ている。この処理能力向上を前提に，原子，電子レベルでのミクロシミュレーションを，単純に拡大していってマクロシミュレーションにしてしまうという解もある。端的に言えば，マクロ結晶成長シミュレーションを第一原理分子動力学法により行うということになる。厳密性，定量性に重きをおいた，そのための計算手法の深化も必要である。しかし，一方では「今ここにある実験結果をどう解釈すれば良いのか」，あるいは「このような結晶を作製するためには，どのような成長条件を選べば良いのか」という問いに対して，手元のパソコンを使ってすぐに答えが得られるような簡便な計算手法の開発も必要であろう。

　ミクロ，マクロの邂逅という課題に加えて，結晶成長シミュレーションは，温度，時間の関数としてのシミュレーションという，計算科学それ自体にとって今後目指すべき大きなテーマを内包している。この本で示した内容は，温度，時間の関数としてのシミュレーションへのアプローチの一つでもある。我々が目にする材料は，結晶成長，熱処理プロセスなどのさまざまな熱履歴を経て，実用に供されたものである。今日LSIプロセスや材料開発における，新プロセスや新材料の開発には，膨大な費用と時間がかかるようになっている。これに対するシミュレーションによる費用節減，期間短縮を望む声も大きい。材料設計，プロセス設計の確立という観点からも，温度，時間の関数としての結晶成長シミュレーションの重要性はますます大きくなってくると考えられる。

　今日，ミクロシミュレーションとしての結晶成長シミュレーションの研究は，緒についたばかりといっても過言ではない。今後，ミクロからマクロへの系統的な解釈，予測を与えるような結晶成長シミュレーション実現に向け，理論，実験双方の英知を集めた地道な努力が望まれる。特に新たな21世紀の担い手である，若い皆さんに期待して結びとしたい。

文 献

1) Yamashiki, Y., Nishinaga, T. : Inter-surface diffusion of Ga on GaAs nonplanar substrate and its real time control by microprobe-RHEED/SEM MBE. *Crystal Research and Technology*, **32**, 1049-1055 (1997).
2) Ito, T., Shiraishi, K., Kageshima, H., Suzuki, Y. Y. : A theoretical investigation of the potential for inter-surface migration of Ga adatoms between GaAs (001) and (111)B surfaces. *Jpn. J. Appl. Phys.*, **37**, L488-L491 (1998).
3) Shiraishi, K., Ito, T. : Microscopic investigation of inter-surface diffusion : migration potential offset. *Proceedings of the 3rd Symposium on Atomic-scale Surface and Interface Dynamics*, 285-290 (1999).

索 引

あ 行

アダクト　90
アルシン　52
アレニウスの式　54
アンサンブル　24
アンチサイト欠陥　131

1次相転移　30
一重結合　96
一般化密度勾配近似法（GGA法）　125

エネルギーと電子数　146
エピタキシー　109
エピタキシャル成長　10, 109
　──の不思議　131
エレクトロンカウンティングモデル（ECモデル）　95, 129
エレクトロンカウンティング・モンテカルロ法　149
演算子　62

か 行

化学気相成長法　11
化学吸着　55
化学反応過程　55
拡散の異方性　161
重なり行列　78
重なり積分　78
過剰Asダイマーの脱離エネルギー　134
活性化エネルギー　54
活性分子　55
Ga原子吸着　130
Ga原子のマイグレーション　142, 143

──ポテンシャル　130
Ga被覆率　130
GaAsの表面　94
GaAs(001)表面　12, 127
　(2×4)β1表面　128
　(2×4)β2表面　128
　c(4×4)表面　128
GaAs(001)-(2×4)β2表面　149
GaAs(001)-c(4×4)表面　151
GaAs表面構造　13
過冷却状態　22
過冷却度　21

基準振動　79
基準振動解析　87
気相成長法　10
気相反応　54
基底関数　77
擬ポテンシャル法　3
キャリアガス　52, 80
供給律速　54, 100
凝集エネルギー　4
局所密度汎関数法　121
巨視的（マクロ）シミュレーション　159

クラスター　56
　──モデル　91

経験的計算　2
計算科学　5
欠陥生成過程　46
結合角　81
結合性および反結合性sp³混成軌道　34
結合性分子軌道　73

索　引

結合長　81
結晶構造　8
欠損ダイマー　12
　——列　127
欠損Asダイマー　94
原子間距離　7
原子間ポテンシャル　2,6
原子軌道関数　64
原子空孔の生成エネルギー　46
原子状水素　86
原子単位系　63

交換エネルギー密度　123
交換積分演算子　76
交換相関エネルギー　122
交換相関項　120
構造パラメータ　81
固—液界面　37
固—液相転移　31
コーン・シャム方程式　121
固有関数　62
固有値　62
　——問題　62
孤立電子対　95
V/III比　84

さ　行

再構成構造　127
3体相互作用　48

自己停止機構　90,91
ジシラン　98
ジャンプ確率　141
周期境界条件　24
シュレディンガー方程式　23,61,62,113
シラン　52,98

水素被覆率　100
ステップ　148
　——近傍での成長過程　151
ストカスティックモンテカルロ法　140

スピン多重度　69,85
スピン保存則　69
スピン密度汎関数法（LSDA法）　125
スレーター行列式　71,116

成長時導入欠陥　22
成長素過程　54
静的計算　2
静的構造因子　32
狭い観測窓　41,46
セルサイズ依存性　38
セルフサーファクタント　135,145
　——原子　135
　——効果　135
零点振動エネルギー　79
遷移状態　59,84
全エネルギー　4,63
選択律　79
全電荷密度　117

相換エネルギー密度　123
相転移　30
速度スケーリング　27

た　行

第一原理計算　2,112
体心立方構造　8
ダイハイドライド構造　99
ダイマー　9,87
ダイヤモンド構造　8
多電子系の波動関数　116
ダングリングボンド　11,57,92
　——中の電子数　149
単純立方構造　8
断熱ポテンシャルエネルギー曲面　58

チョクラルスキー法　21

転位　22
電子エネルギー　63
電子間相互作用　120

電子状態密度　34
電子の反対称性　113
電子ハミルトニアン　63

動径分布関数　32
動的計算　2
トリメチルアルミニウム　52,80
トリメチルガリウム　52,80

な 行

2次元核形成　44
2次相転移　30
二重結合　96
2体相互作用　48
2電子系の波動関数　113
2量体　9

熱分解過程　54,81

は 行

配位数　7,32
パウリの原理　71
波動関数　62
ハートリー　63
　　──項　120
ハートリー・フォック近似　75
ハートリー・フォック法　116
ハートリー・フォック方程式　76
ハートリー・フォックポテンシャル　76
ハミルトニアン　62
バルク結晶　9
　　──成長　10
バルク融液のシミュレーション　28
反結合性分子軌道　73
反応素過程　54
反応律速　54,100

非経験的計算　2
微視的（ミクロ）シミュレーション　159
微小転位ループ　23
As安定化 $c(4\times4)$ 構造　15

(2×4) 構造　15
As ダイマー　127
　　──の脱離エネルギー　137
As ダイマーキンク　147
As_2 分子の吸着エネルギー　133,136
非対称ダイマー　12
非平衡状態　142
表面　9
表面構造　9
表面再構成　14,93
表面ダングリングボンド　94
表面（吸着）反応　55

フォック演算子　76
複合ファセット　161
物理吸着　55
分子軌道関数　71,76
分子軌道法　2
分子線エピタキシャル法　11
分子線エピタキシャル成長　110
分子動力学法　2,23
分子力学法　50
フントの規則　71
分配関数　59

平衡原子間距離　6
平衡状態　141
変分原理　72,74,115

ボーア半径　63
ホーエンバーグ・コーンの定理　118
ポテンシャルパラメータ　7
ボルン─オッペンハイマー近似　63

ま 行

マイグレーションポテンシャル　125,126,146
密度汎関数法　117

メトロポリスモンテカルロ法　140

索 引

面心立方構造　8

モノハイドライド構造　99
モノハイドライドダイマー　99
モノマー　87
モンテカルロステップ　140
モンテカルロ法　3,139

や・ら行

融液密度　39
融解の潜熱　30
有効方程式　119
遊離基　81

ラジカル　81

理想表面　9
律速反応　54
量子化学　51
量子数　64

ローータン方程式　75

英名・略記号

ab initio 分子軌道計算　56
ab initio 分子軌道法　62
ALE（Atomic Layer Epitaxy）　91
AO（Atomic Orbital）　64

CVD（Chemical Vapor Deposition）成長　51

CZ（Czochralski）　21

D—D pair　47
DMAH　87

EC（electron counting）モデル　145
ECMC法　149

Gaussian　62

Langevin 方程式　28
LCAO（Liner—Combination of Atomic Orbital）　71

MBE（Molecular Beam Epitaxy）成長　110,127
MDセル　24
　——のサイズ　38
MM（Molecular Mechanics）　50
MO（Molecular Orbital）　71
MOVPE成長　127

Newton 方程式　23

Si—CVD　98
SOS（solid on solid）モデル　141
Stillinger—Weber（SW）ポテンシャル　32

Tersoff ポテンシャル　23
TMA（trimethylaluminum）　52,80
TMG（trimethylgallium）　52,80

責任編集者紹介

伊藤　智徳（いとう　とものり）

　1980年：名古屋大学大学院工学研究科博士課程前期課程修了
　主要著書：結晶成長の基礎（共著，培風館）
　　　　　　ナノエレクトロニクスと計算科学（共著，電子情報通信学会）
　現在：三重大学工学部　教授，工博

シリーズ：結晶成長のダイナミクス 1．
　　　　　　（全 7 巻）
コンピュータ上の結晶成長
―計算科学からのアプローチ―

2002 年 2 月 25 日　初版 1 刷発行
2004 年 9 月 15 日　初版 3 刷発行

責任編集　伊藤　智徳　© 2002

発行者　共立出版株式会社 ／南條光章
　　　　東京都文京区小日向 4 丁目 6 番 19 号
　　　　電話　(03)3947-2511 番（代表）
　　　　郵便番号 112-8700
　　　　振替口座 00110-2-57035 番
　　　　URL　http://www.kyoritsu-pub.co.jp/

印　刷　壮光舎
製　本　中條製本

検印廃止

NDC 459.97, 459.93

ISBN 4-320-03410-4

社団法人
自然科学書協会
会員

Printed in Japan

JCLS ＜㈱日本著作出版権管理システム委託出版物＞
本書の無断複写は著作権法上での例外を除き禁じられています．複写される場合は，そのつど事前
に㈱日本著作出版権管理システム（電話03-3817-5670，FAX 03-3815-8199）の許諾を得てください．

結晶成長学辞典編集委員会 編

結晶成長学辞典

物質のとる三態のうち，固体は大部分が結晶である。雪や水晶の結晶，岩石や隕石を作る鉱物などの地球や地球外由来の固体物質はもちろん，生命活動の結果作られる歯，骨，貝殻や珊瑚の骨格，各種臓器中の結石類も結晶で構成されている。タンパク質も結晶化してその構造を解析することにより，初めてその機能が理解できる。今日の情報産業を支える半導体やオプトエレクトロニクス工業で基本となる材料はシリコン，化合物半導体，酸化物などの大形の単結晶や薄膜結晶であるし，医薬品，化学調味料のように，サイズや形を制御した微細結晶が求められている化学工業分野もある。結晶は無機，有機，生物，無生物，地球上，地球外に関わらず森羅万象と関連する存在であり，またわれわれの生活を豊にするもとである。

本辞典は，20世紀で得られた結晶成長学の知識を整理し，異なった分野間でも共通理解が持てるように広範囲な関連用語約2160項目を収録した。

編集方針

1. 結晶成長学に関連のある術語を広範な分野から選んで収録した。同じ内容が分野ごとに異なった言葉で呼ばれているケースが多いので，一つの術語にまとめることはせず，よく使われている術語は全て採用した。ただし，最も適切と思われる術語に対してだけ説明を加え，他の関連用語は ⇒ で示すことにした。
2. 主要な概念，理論，成長機構，モデル，合成方法などを全て採り上げ，その内容が少なくとも筋道としては理解できるよう，十分な説明を与えた。これらの項目には，できるだけ，原典，および英語，ないしは日本語での信頼のおける解説文献を示した。
3. その他の項目については，質的な理解ができる範囲で短い説明に留めた。
4. 収録した術語総数は約2160項目で，それぞれイニシャル記号で執筆者を示した。
5. 付録として，略語一覧，晶系・晶族と諸性質の有無，世界最大の鉱物結晶，結晶成長学関係の主な書籍，および関連ある雑誌，元素周期表を付した。
6. 英語で項目が選出できるよう英和索引を付した。

■A 5判・378頁・定価8,925円(税込)■

結晶成長ハンドブック

日本結晶成長学会「結晶成長ハンドブック」編集委員会編　これから結晶成長を始める人へ—基本的ガイド／結晶成長の基本描像—理論と実際の対応／結晶育成技術／キー・マテリアルの単結晶育成技術／エピタキシー／物性の制御と加工／キャラクタリゼーション／動的観察法 他・・・・・・・・・・・・・・・・・・B 5判・1226頁・定価39,900円(税込)

結晶工学ハンドブック

結晶工学ハンドブック編集委員会編　第Ⅰ編：結晶の対称性／第Ⅱ編：結晶の構造／第Ⅲ編：結晶の欠陥／第Ⅳ編：結晶の成長および溶解／第Ⅴ編：結晶方位の決定／第Ⅵ編：結晶の加工／第Ⅶ編：結晶の育成と処理／第Ⅷ編：結晶の性質および応用・・・・・・・・・・・・・・・・・・・・・・・・・・・A 5判・1560頁・定価42,000円(税込)

結晶解析ハンドブック

日本結晶学会「結晶解析ハンドブック」編集委員会編　これから結晶解析・結晶評価を試みる人へ／結晶に関する基本的な知識／散乱と回折の基本的な知識／X線回折実験と関連手法／電子回折法と電子顕微鏡法／中性子散乱と関連手法／X線結晶構造解析のための実験法／生体高分子結晶解析の理論と実際　B 5判・696頁・定価28,350円(税込)

共立出版

付録 CD-ROM について

- 本書付属の CD-ROM は，ISO 9660 でフォーマットされており，Windows および Macintosh で読み取ることができます。なお Windows Me および MacOS 9 での動作を確認しました。
- 本 CD-ROM には，本書の演習問題のプログラム，関連した画像が収録されています。演習問題プログラムのソースファイルは，DATA フォルダ中の PROGRAM フォルダ中に収録されています。
- 本 CD-ROM を利用するには，Microsoft Internet Explorer（ver.4.0 以降推奨）や Netscape Communicator（ver.4.0 以降推奨）などのブラウザが必要です。また動画を見るには Apple QuickTime（ver.3.0 以降推奨）が，グラフを表示するには Microsoft Excel（Excel 97 以降推奨）が必要です。
- 本 CD-ROM を使うには，ブラウザを起動して「INDEX.HTM」を開いてください。
- 本 CD-ROM の著作権は，著者に帰属します。収録したデータ等は，本書を購入した本人が私的に使用する目的以外では使用しないでください。
- 本 CD-ROM の使用により発生した損害等に関しては，小社および著者は一切責任を負いません。
- 本 CD-ROM の使い方，サポートなどのご質問についてはお受けいたしません。お問い合わせ等はご容赦ください。